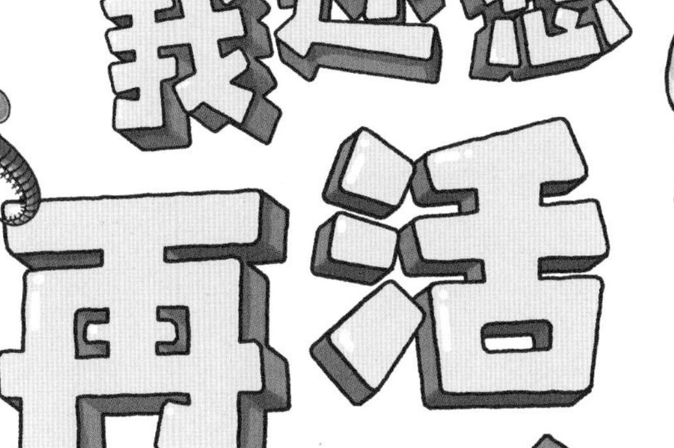

我还想再活1亿年

年

電子工業出版社
Publishing House of Electronics Industry
北京·BEIJING

前言
您好！我是本书的作者高桥望。感谢您购买本书。
点头致意
虽然这是一本读起来轻松愉快的书。
但我绘制它的初衷，是希望您能爱上古生物。
我个人的观点是，想要爱上某种生物，首先必须『切身地了解它们』。
其次，为了切身地了解，我认为必须『知道其形貌与名字』。
然而有许多古生物，不但名字难记，
始虚骨龙
真掌鳍鱼
狭网虫
还因为早已灭绝，而难以了解……
我感觉，有不少人认为古生物看起来很神秘陌生，不易接近……
这是什么话？
明明是我们的后辈！
哼！不要说这么搞笑的笑话，你们这些新生代的哺乳动物！

然而，古生物其实充满了魅力，这是现存于世的生物所不具备的！
进化出独特形貌的生物
头长得像飞镖。
笠头螈
5只眼睛？！
欧巴宾海蝎
象鼻？！
身躯庞大，头却小得出奇。
杯鼻龙
这些是只有古生物才有的趣闻轶事……
复原我的化石时，人们不仅弄错了上下，还颠倒了左右。
怪诞虫
进化成这个样子，我用了超过100年时间。
旋齿鲨
是的！了解古生物就是这么有趣！
当你读完此书，一定会发现，
干吗?!
你找我有事吗？
自己与原本相距甚远的古生物之间，是这样的距离……
你最喜欢《JOJO的奇妙冒险》第几部？
第3部。
结果还是觉得第3部精彩吧？
我懂。
那么，你想来了解它们吗？
一起去看看古生物们生活的『古生代』……

谜团重重：古生物的开端

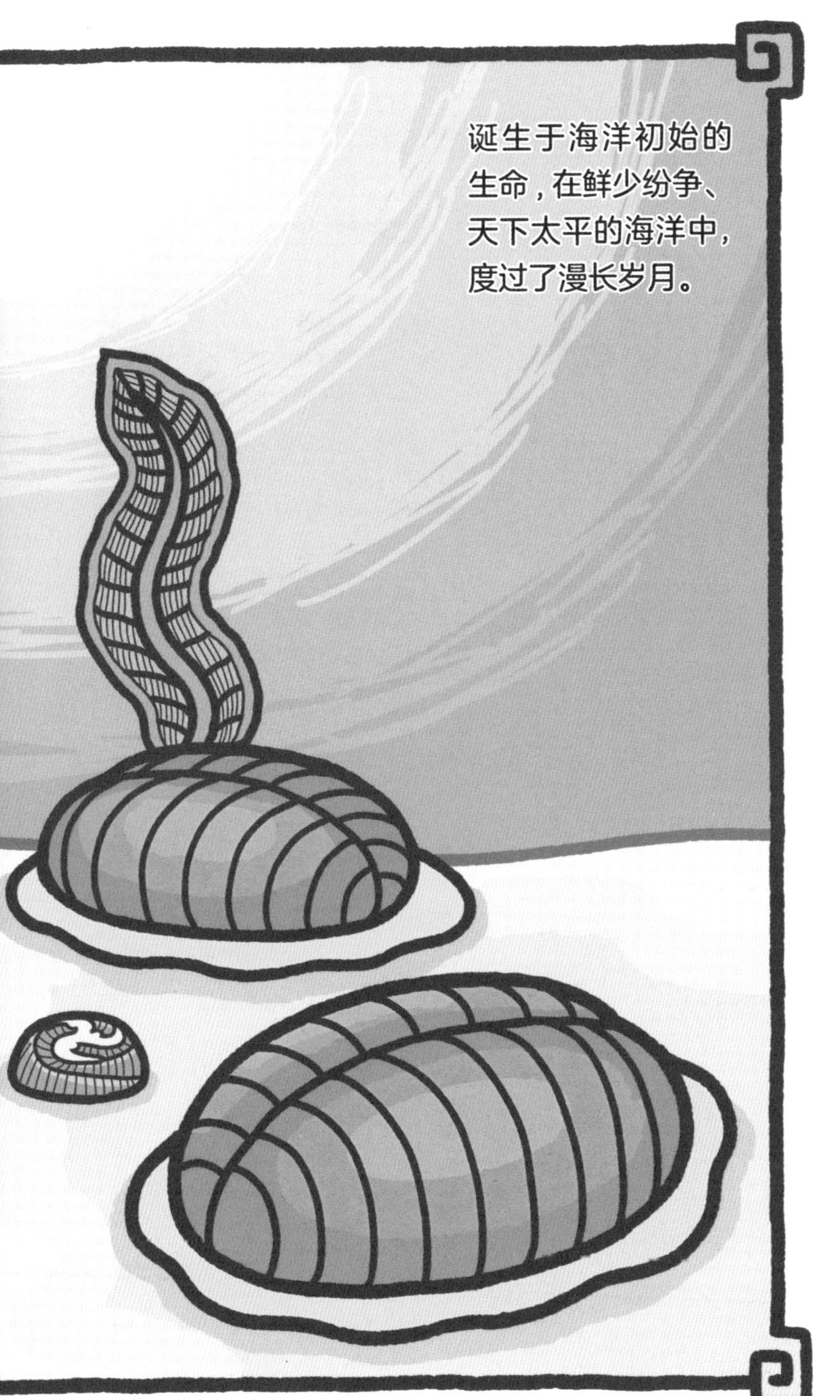
诞生于海洋初始的
生命，在鲜少纷争、
天下太平的海洋中，
度过了漫长岁月。

各不相同：各有存在的道理

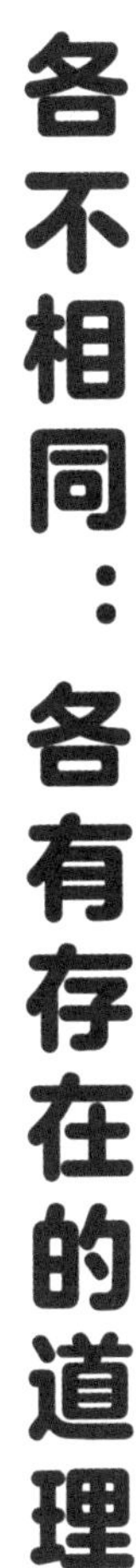

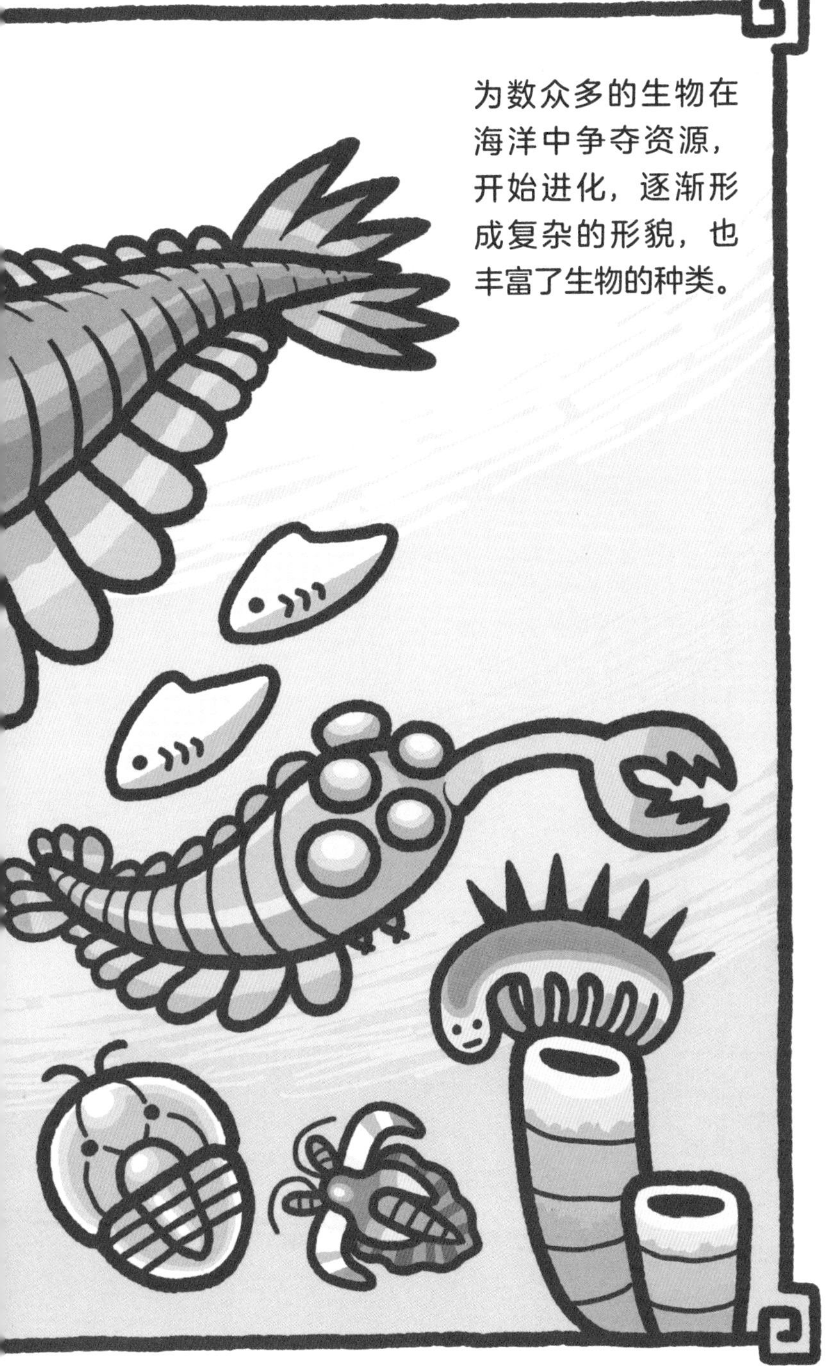
为数众多的生物在海洋中争夺资源，开始进化，逐渐形成复杂的形貌，也丰富了生物的种类。

海洋和陆地：都是古生物的向往之地

生物种类激增，争夺海洋霸权的争端不断，从海洋迁居到陆地的生物相继出现。

不断扩张的古生物帝国版图

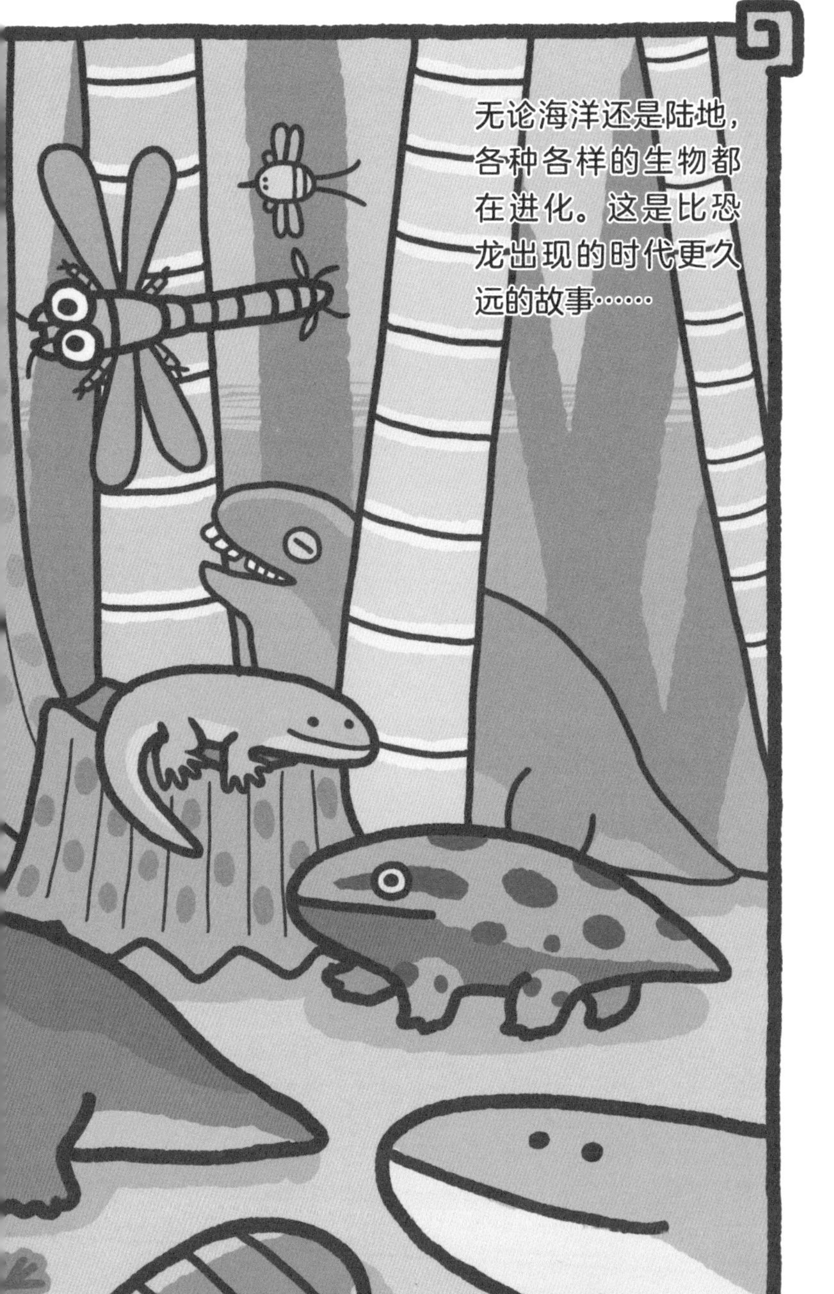
无论海洋还是陆地，各种各样的生物都在进化。这是比恐龙出现的时代更久远的故事……

目 录

第1章

第2章

长出骨骼的古生物……………………… 068

第3章

知识延展 古生物专栏

认识古生物

古生物是生活在人类文明正式成型之前的生物。本书中出场的“古生物”，主要指生活在下图所示年代的生物。被哺乳动物主宰的新生代、恐龙繁盛的中生代，以及先于它们的年代中，都生活着多样的古生物。本书以大致的生物族群分章，分别从古至今按照年代顺序介绍生活在古生代的古生物们。

代	纪	年代
新生代	第四纪	约258万年前~现在
	新近纪	约2303万年前~约258万年前
	古近纪	约6600万年前~约2303万年前
中生代	白垩纪	约1亿4500万年前~约6600万年前
	侏罗纪	约2亿130万年前~约1亿4500万年前
	三叠纪	约2亿5190万年前~约2亿130万年前
古生代	二叠纪	约2亿9890万年前~约2亿5190万年前
	石炭纪	约3亿5890万年前~约2亿9890万年前
	泥盆纪	约4亿1920万年前~约3亿5890万年前
	志留纪	约4亿4380万年前~约4亿1920万年前
	奥陶纪	约4亿8540万年前~约4亿4380万年前
	寒武纪	约5亿4100万年前~约4亿8540万年前
前寒武纪		约46亿年前~约5亿4100万年前

（注：图表的时间为倒序）

第1章 足多、节多、种类多的古生物

奇虾

马尔三叶形虫

欧巴宾海蝎

怪诞虫

三叶虫

阿潘库拉虫

海神盔虾

新月鲎

五十桨翼鲎

翼肢鲎

锐支鲎

金氏奥法虫

风筝携带虫

巨阴游泳虫

巴氏辛德汉斯虫

狭网虫

巨脉蜻蜓

远古蜈蚣虫

手形尾虫

第1章

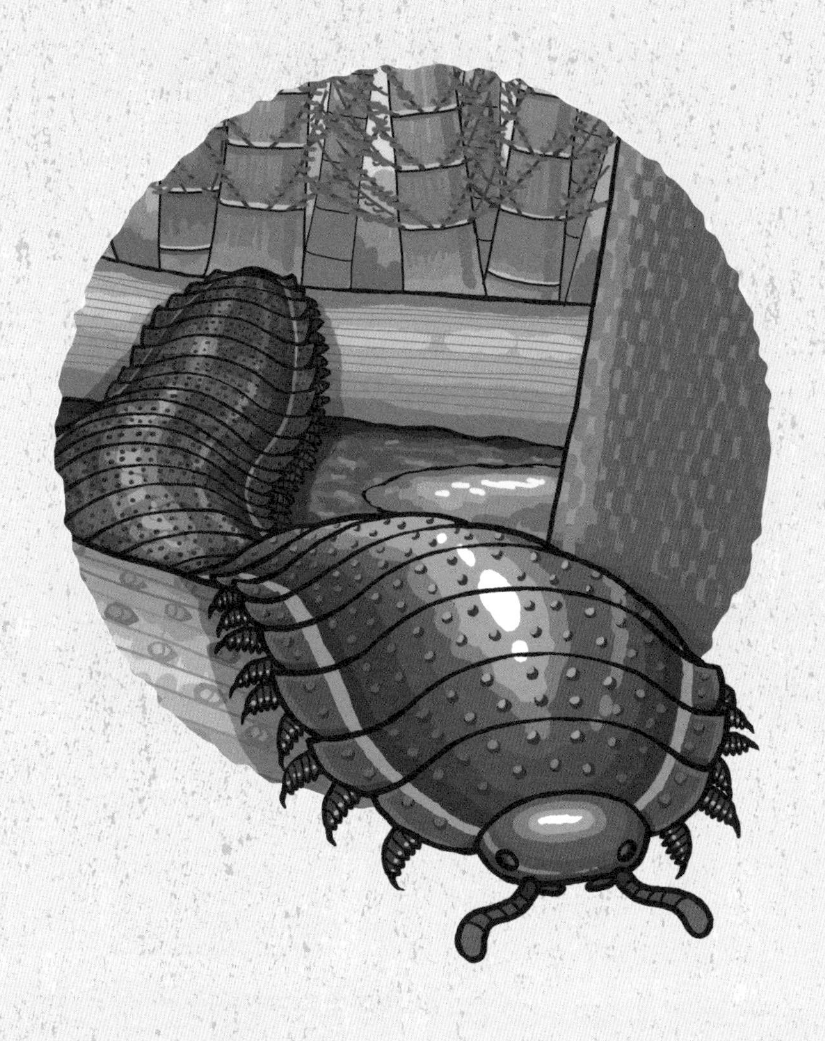

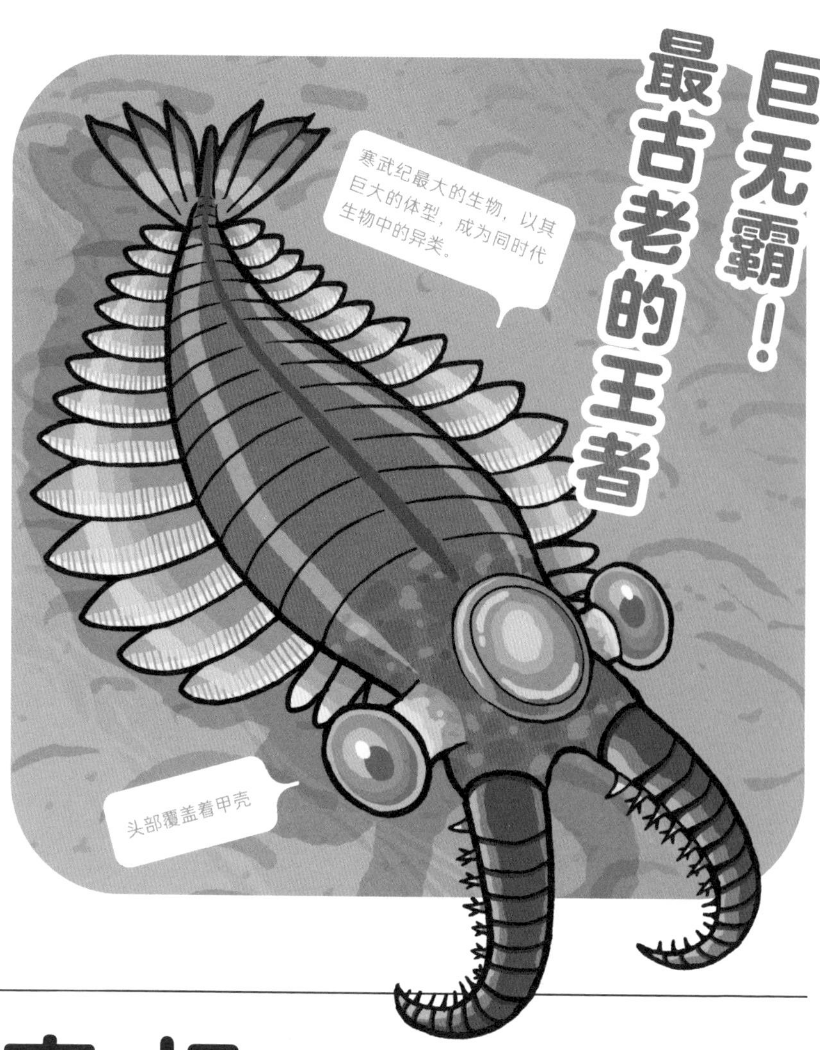
巨无霸！
最古老的王者
寒武纪最大的生物，以其巨大的体型，成为同时代生物中的异类。
头部覆盖着甲壳

奇虾

［学名］ Anomalocaris

［分类］ 射口类

［时代］ 寒武纪

［食物］ 肉类

［大小］ 约1米

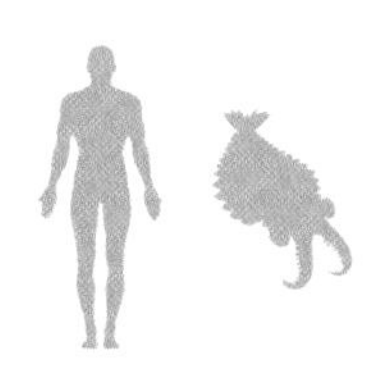

我是地球联盟的首任冠军！

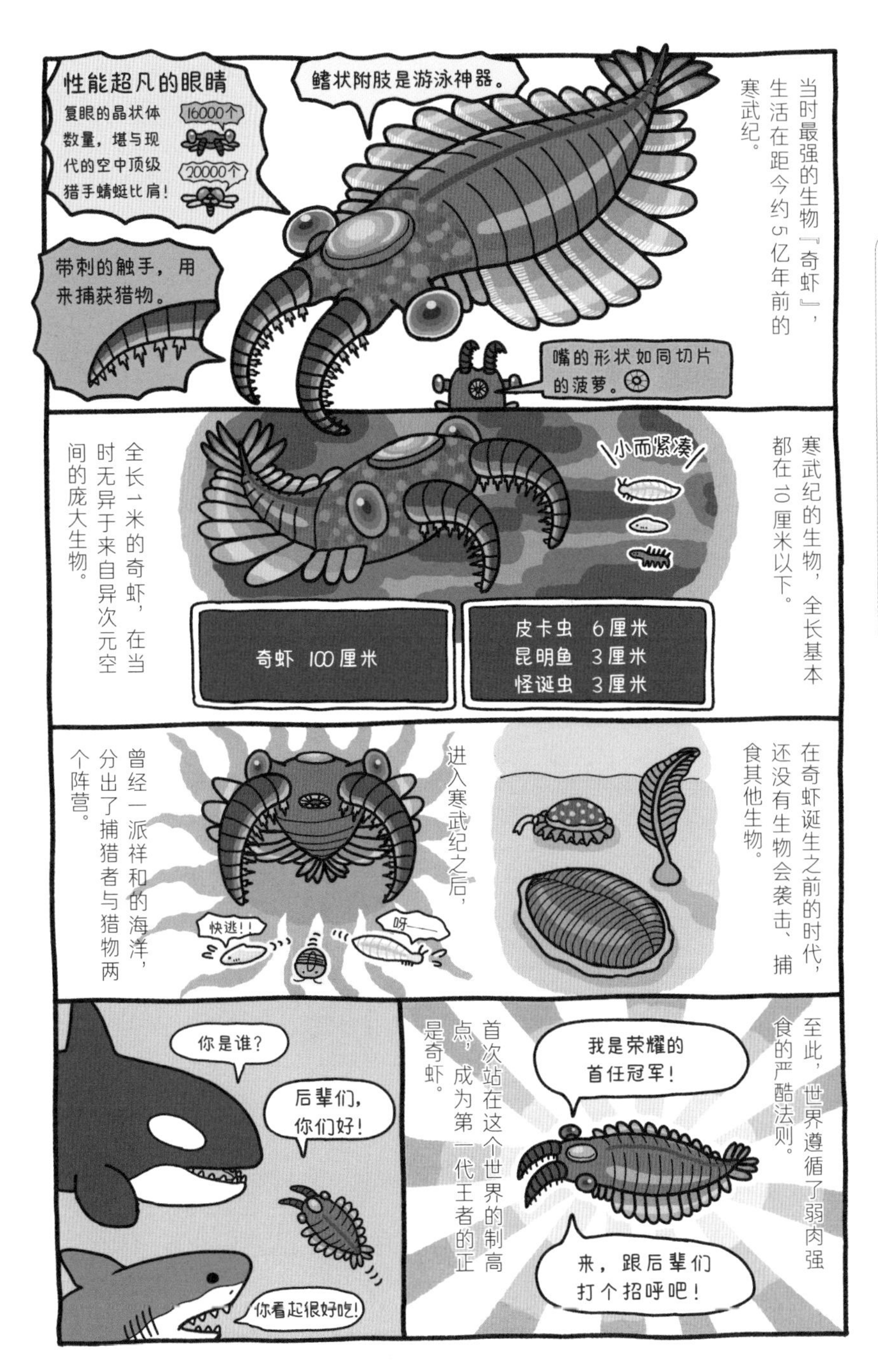
当时最强的生物『奇虾』，生活在距今约5亿年前的寒武纪。
鳍状附肢是游泳神器。
性能超凡的眼睛
复眼的晶状体数量，堪与现代的空中顶级猎手蜻蜓比肩！
16000个
20000个
带刺的触手，用来捕获猎物。
嘴的形状如同切片的菠萝。
寒武纪的生物，全长基本都在10厘米以下。
小而紧凑
皮卡虫 6厘米
昆明鱼 3厘米
怪诞虫 3厘米
奇虾 100厘米
全长1米的奇虾，在当时无异于来自异次元空间的庞大生物。
在奇虾诞生之前的时代，还没有生物会袭击、捕食其他生物。
进入寒武纪之后，
呀——
快逃!!
曾经一派祥和的海洋，分出了捕猎者与猎物两个阵营。
至此，世界遵循了弱肉强食的严酷法则。
我是荣耀的首任冠军！
首次站在这个世界的制高点，成为第一代王者的正是奇虾。
来，跟后辈们打个招呼吧！
你是谁？
后辈们，你们好！
你看起很好吃!

经过近年的研究，有一种说法认为，位于食物链顶端的奇虾，其咀嚼力却很弱。除了在中国，人们还在加拿大、美国等地发现了一些奇虾的化石。由此可见，这是当时繁盛一时的生物族群。

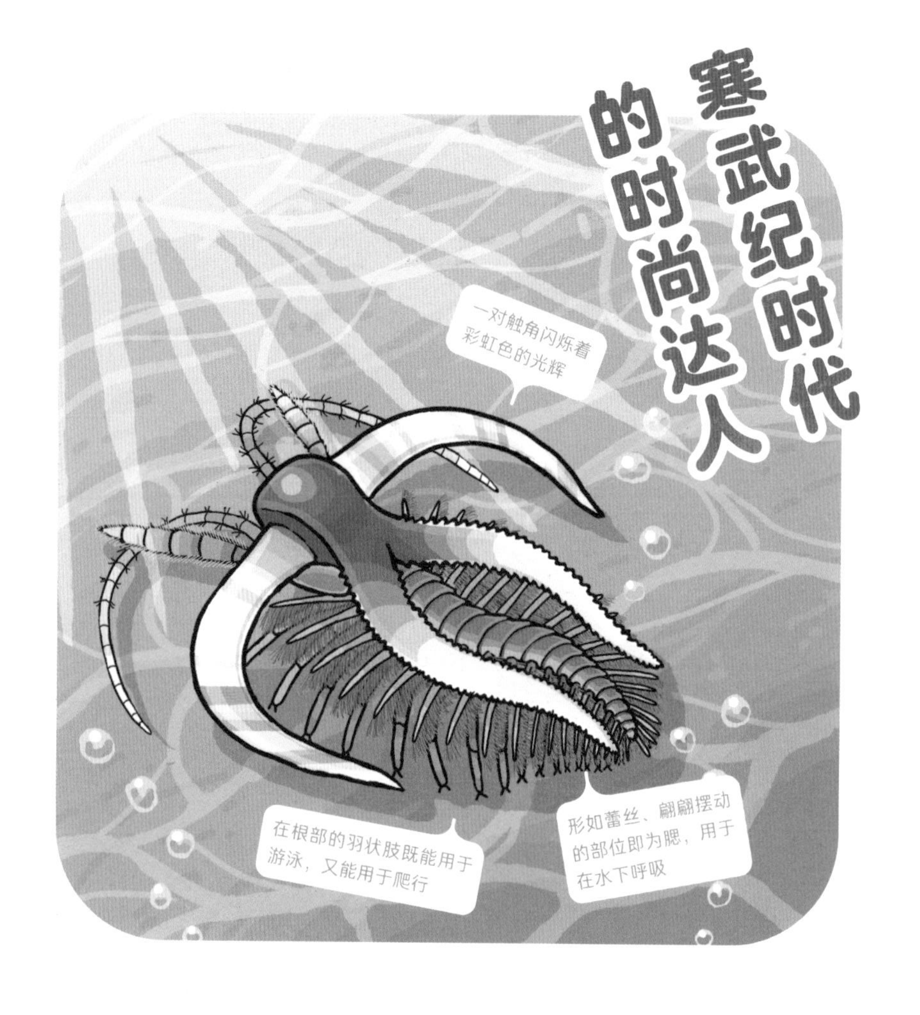
寒武纪时代
的时尚达人
一对触角闪烁着
彩虹色的光辉
在根部的羽状肢既能用于
游泳，又能用于爬行
形如蕾丝、翩翩摆动
的部位即为腮，用于
在水下呼吸

马尔三叶形虫

[学名] Marrella

[分类] 马尔拉虫纲

[时代] 寒武纪

[食物] 有机物

[大小] 约2厘米

5分硬币
2.4cm

嗯……这个长相还
是太朴素了吗？

外表时尚的节肢动物『马尔三叶形虫』羽状肢上的腮
飘
飘
飘
飘
酷似蕾丝，因此得了个『蕾丝蟹』的别称。
时尚亮点不止于此，
它还拥有散发着七彩光芒的触角。
有此疑问的人们，眼光敏锐地注意到……
好奇怪啊！
从化石也能分辨得出颜色吗？
化石上一般不会残留色素。
王者的回归啊！
奇虾
原来是这样……
因此，古生物的颜色经常由绘制之人的感觉决定。
然而，对马尔三叶形虫的触角详加研究，便会发现在显微镜下才能看见的细小凹槽。
这些细小的凹槽反射光线，便产生了七彩的结构色。
若有人问『什么是结构色』，看看CD或DVD光盘的背面便能知道。
呜……
呜……
变成了这个样子……
寒武纪是一个生物进化出眼睛，并分出了捕猎者与猎物两个阵营的时代。
太刺眼了！
这种『时尚』，或许是为了在自然界这个战场上求得生存而造就的重要武器。
这可真好用啊。

地处加拿大的伯吉斯页岩，因在此发现了寒武纪的生物化石而名声大噪。马尔三叶形虫的化石最早就是在伯吉斯页岩发现的，实际发现的化石超过 25000 个。马尔三叶形虫是伯吉斯页岩化石群中残留化石最多的生物之一。

鼻祖级时尚怪物
附肢上长着腮，用于呼吸
捕食肢形如夹钳，承担捕食任务

欧巴宾海蝎

[学名] Opabinia

[分类] 节肢动物?

[时代] 寒武纪

[食物] 不明

[大小] 约 10 厘米

模仿别人什么的最无聊了！

大自然
进化特征目录
这样真的好吗？
滴滴滴滴
好了，接下来就拜托你了。
这个太普通了，没劲！有没有什么抓眼球的特征啊……啊！！这个！！这条腿好可爱！！这个我也想要！！
嗯……果然还是眼睛长得多的比较受欢迎啊。
进化特征目录
这是什么？！太棒了！特别是这个看不懂的特征，超炫酷！感谢你啊，大自然！！
好了，可以了……
大自然
当——
前端有一个如同夹钳般的捕食肢
5 只眼睛
嘴在这里
长得毫不起眼的足
另外，它与奇虾有近缘，二者是亲戚关系。
虽然不清楚欧巴宾海蝎经历了什么，总之外表个性化色彩过于浓厚。
可遗憾的是，
它的审美品位从未形成潮流。
你们可以模仿我的打扮哦！
好的……
飞吻
等哪天我来了兴致……

欧巴宾海蝎的化石十分稀有。截至 2008 年，被发现的化石也不超过 50 个。化石数量稀少，使深入研究举步维艰，在它身上仍有许多谜团未能解开。据说，就在它的形貌公之于众时，研究者们看到那副怪诞的模样，竟也忍俊不禁笑出了声。

颠覆常识！
怪诞虫这一名称，来自拉丁语“hallucinatio（幻觉）”
因触手末端有爪，怪诞虫被归类为与现存有爪动物近缘的“叶足动物”

怪诞虫

［学名］ Hallucigenia

［分类］ 叶足动物

［时代］ 寒武纪

［食物］ 肉类

［大小］ 约3厘米

5分硬币

我的名字叫作怪诞虫，就这么直白！

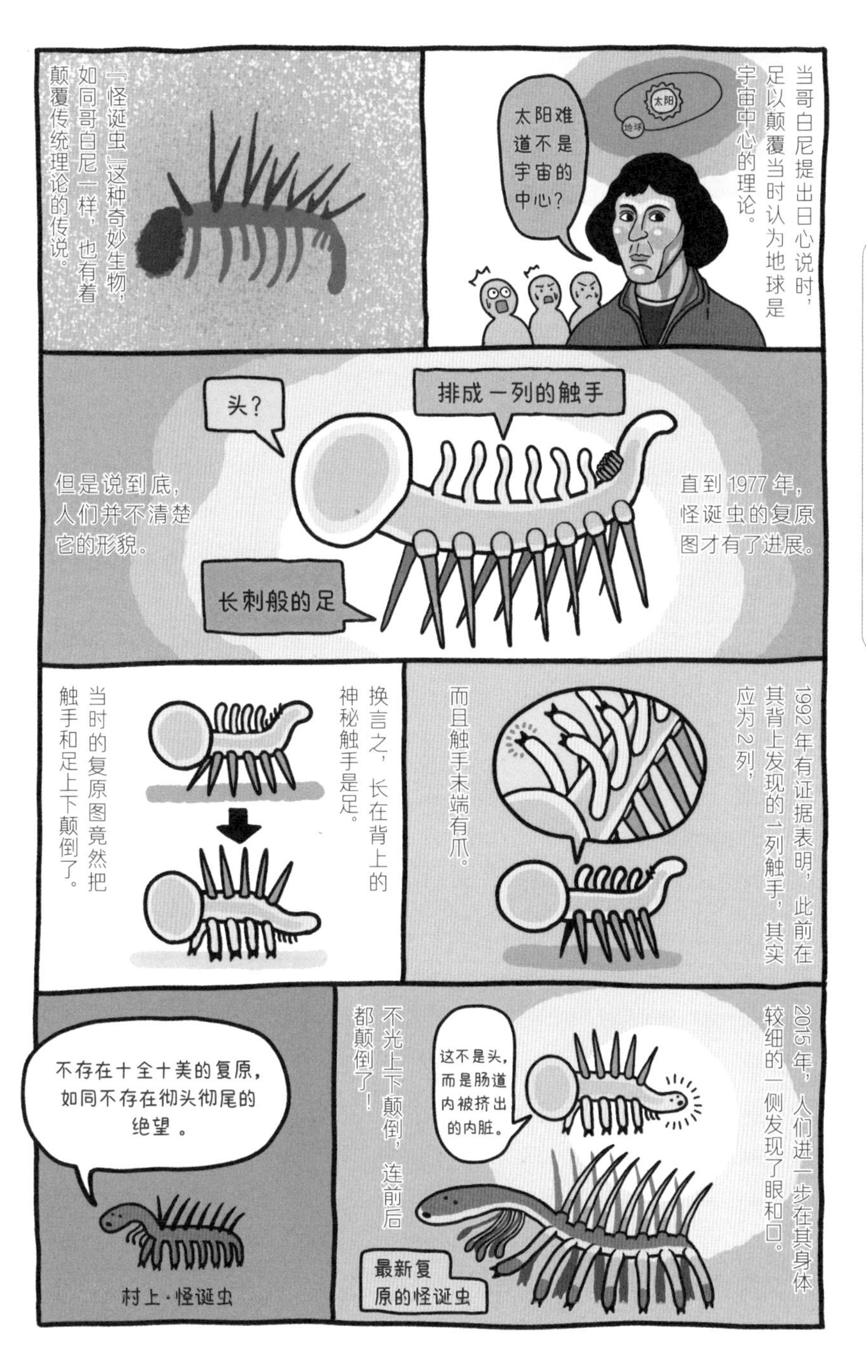
当哥白尼提出日心说时，足以颠覆当时认为地球是宇宙中心的理论。
太阳
地球
太阳难道不是宇宙的中心？
『怪诞虫』这种奇妙生物，如同哥白尼一样，也有着颠覆传统理论的传说。
直到1977年，怪诞虫的复原图才有了进展。
排成一列的触手
头？
长刺般的足
但是说到底，人们并不清楚它的形貌。
1992年有证据表明，此前在其背上发现的1列触手，其实应为2列，
而且触手末端有爪。
换言之，长在背上的神秘触手是足。
当时的复原图竟然把触手和足上下颠倒了。
2015年，人们进一步在其身体较细的一侧发现了眼和口。
这不是头，而是肠道内被挤出的内脏。
不光上下颠倒，连前后都颠倒了！
最新复原的怪诞虫
不存在十全十美的复原，如同不存在彻头彻尾的绝望。
村上·怪诞虫

怪诞虫的同类化石，在中国也有发现。人们在那些化石上找到突起的部位，认为是头部。发现者认为只有做梦才能看见这样奇怪的虫子，所以命名为“怪诞虫”。

眼睛的诞生从此改变了世界吗？

和平世界起突变，一步迈入寒武纪

很久很久很久以前，早在古生代之前的生物，要么长得像一片植物的叶子，要么长得像一块压扁的豆包。完全想象不出它们谁能攻击谁，谁又会被谁攻击。一群毫无进攻能力、防御能力的生物，生活在一派祥和的世界中。

然而，当历史进入古生代的开端寒武纪时，生物们的形貌发生了巨变：怪诞虫背上长刺，三叶虫身披坚硬甲壳，奇虾触手带刺、头顶大螯，拥有助其游泳的鳍状附肢。动物们似要用武器和铠甲将自己武装起来一般，换上了一副即将战斗的样子。

那么，寒武纪时代究竟发生了什么呢……

单眼虫（寒武纪原浆虾）

这是生活在寒武纪，与甲壳类近缘的节肢动物，全长约1.5毫米。头上仅有的一只大复眼，上面有着无数晶状体。

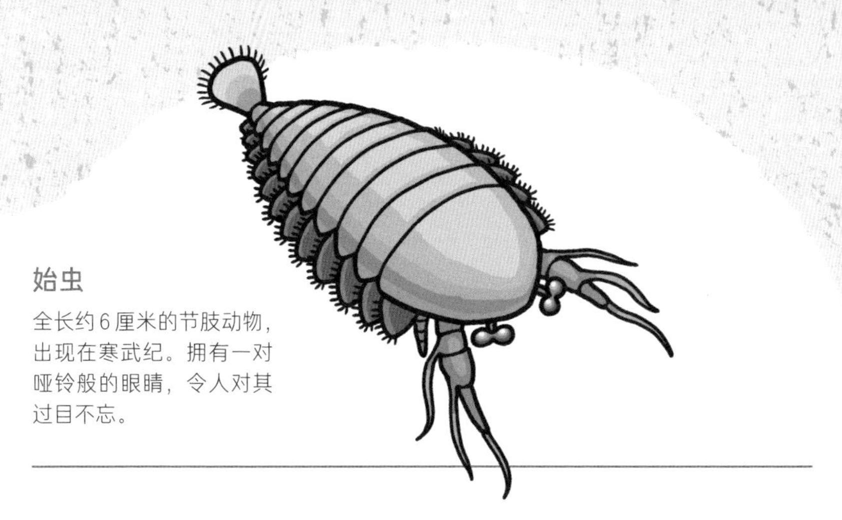

始虫

全长约 6 厘米的节肢动物，出现在寒武纪。拥有一对哑铃般的眼睛，令人对其过目不忘。

眼睛的诞生是生物急速进化的契机？

英国学者安德鲁·帕克在其提出的“光开关”假说中阐述了一个观点，即眼睛的诞生或是触发寒武纪生物急速进化的契机。

在进入寒武纪之前，生物是没有眼睛的。依靠眼睛的帮助，捕食者才能高效地捕获猎物。而被捕食者也正是依靠眼睛的帮助，才能察觉敌手，逃之夭夭。

在这场赌上性命的捉迷藏中，生物们找到了各自的生存战略，它们的形貌也开启了迅速多样化的征程。眼睛的诞生作为一个进化契机，使原本和平世界向弱肉强食的世界转变。

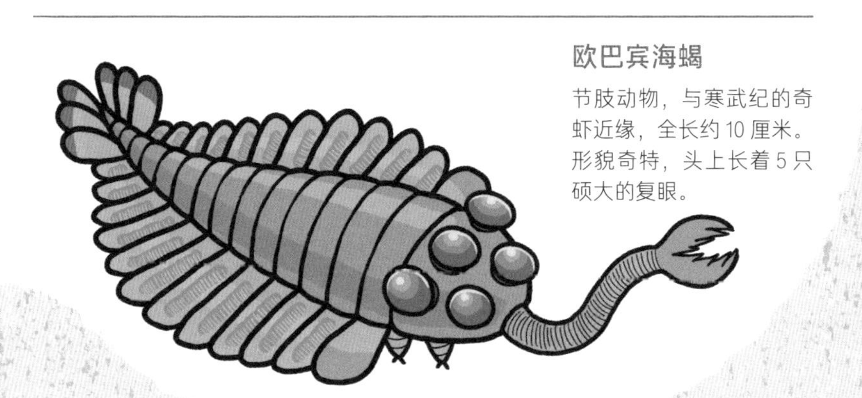

欧巴宾海蝎

节肢动物，与寒武纪的奇虾近缘，全长约 10 厘米。形貌奇特，头上长着 5 只硕大的复眼。

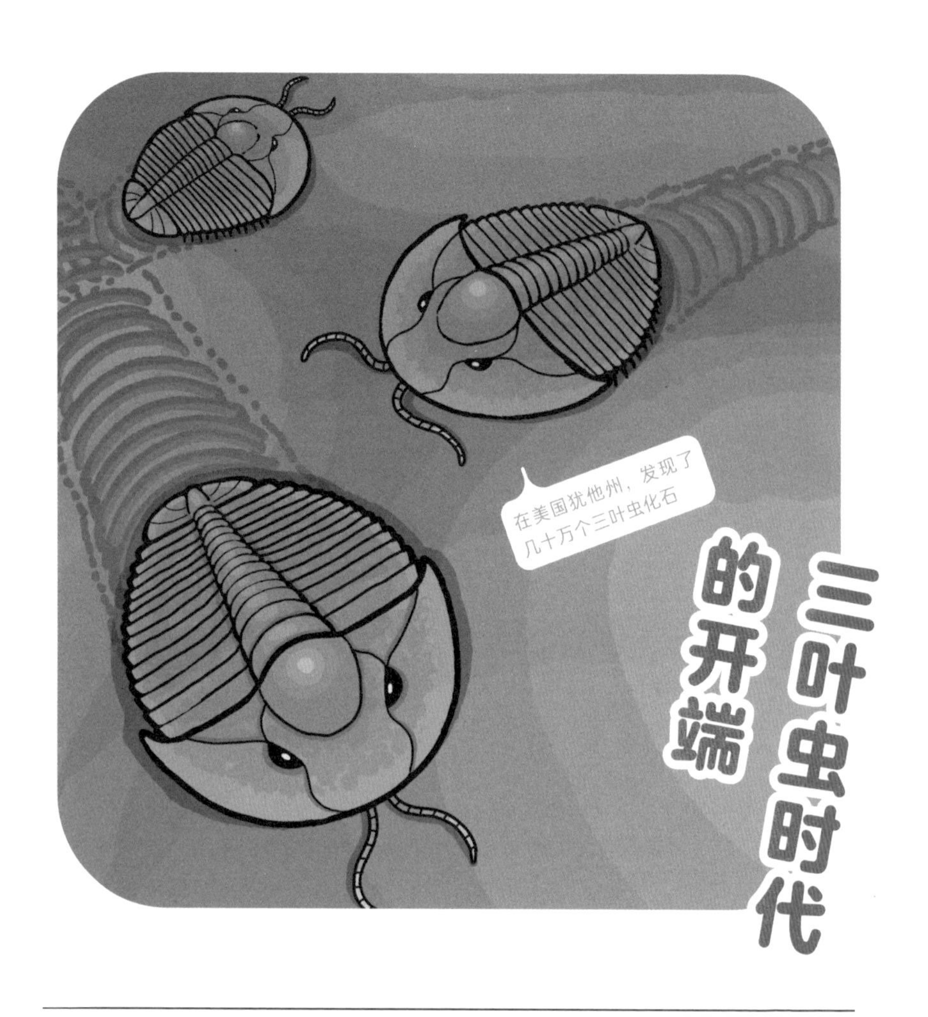
在美国犹他州，发现了
几十万个三叶虫化石
三叶虫时代
的开端

三叶虫

[学名] Elrathia

[分类] 三叶虫类

[时代] 寒武纪

[食物] 有机物

[大小] 约1厘米

5分硬币

我能交到100个
朋友吗?

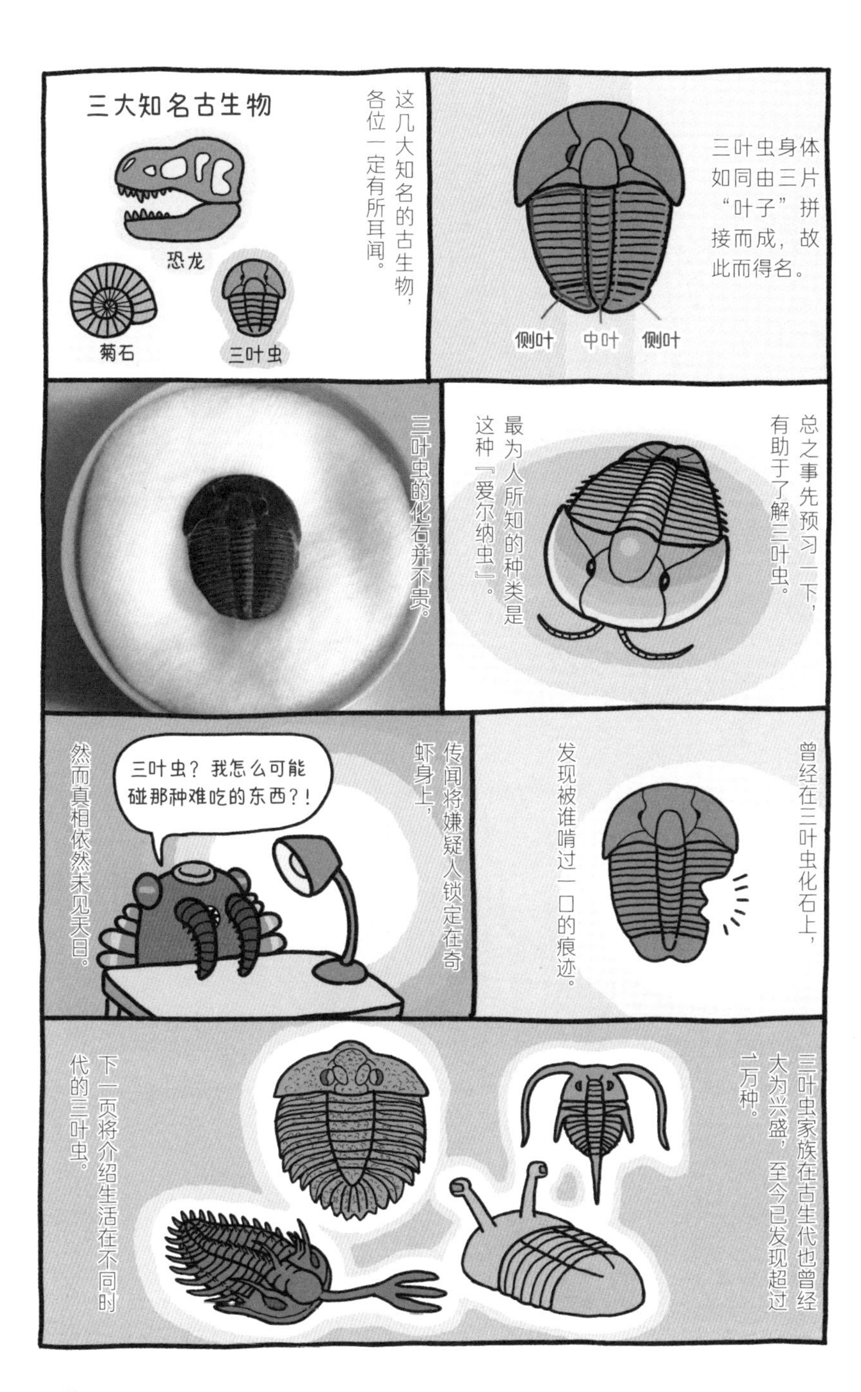
三大知名古生物
恐龙
菊石
三叶虫
这几大知名的古生物，
各位一定有所耳闻。
三叶虫身体如同由三片“叶子”拼接而成，故此而得名。
侧叶
中叶
侧叶
三叶虫的化石并不贵。
总之事先预习一下，
有助于了解三叶虫。
最为人所知的种类是
这种『爱尔纳虫』。
曾经在三叶虫化石上，
发现被谁啃过一口的痕迹。
传闻将嫌疑人锁定在奇虾身上，
三叶虫？我怎么可能
碰那种难吃的东西？！
然而真相依然未见天日。
三叶虫家族在古生代也曾经大为兴盛，至今已发现超过一万种。
下一页将介绍生活在不同时代的三叶虫。

爱尔纳虫被归类在节肢动物中的三叶虫类。三叶虫类的背壳由碳酸钙形成，容易变成异常坚硬的化石。也正因此，人类才得以发现它们如此之多的化石。现代生物蛤蜊、蚬子的外壳，其成分也与之相同。

寒武纪的三叶虫
三叶虫之中既有貌不惊人如爱尔纳虫，也不乏外形独特者。
巴尔科卡尼虫
体节最多的三叶虫
布里斯托虫
长刺浑似双马尾
伊氏皮契拉虫
头部两端有两个“头鞍”
生活在寒武纪的多数三叶虫，具有一个共同特征——
那就是『身体扁平』。
啪嗒
啪嗒
啪嗒
啪嗒
你们几个……
想不想成为偶像？
SYC48
这几个孩子成团的话，一定能火！！
嗯？！
吵
吵
嚷
嚷
三叶虫登上寒武纪的历史舞台，在那个时代繁衍出大量种类，成为当时的代表物种。
在古生代的发端即『出道』的三叶虫们迅速蹿红，跻身顶流。

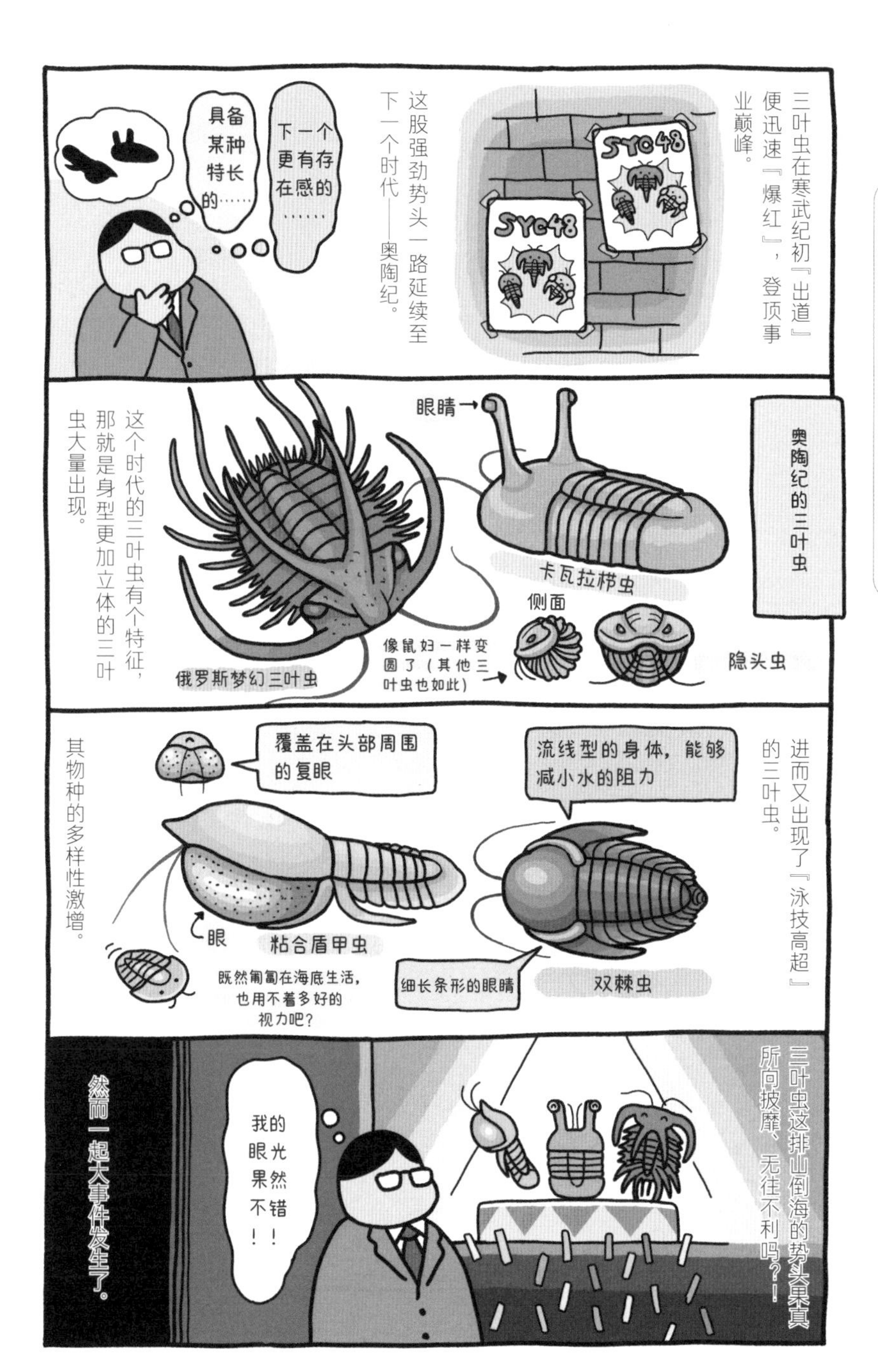
三叶虫在寒武纪初『出道』便迅速『爆红』，登顶事业巅峰。
SYC48
SYC48
这股强劲势头一路延续至下一个时代——奥陶纪。
下一个更有存在感的……
具备某种特长的……
奥陶纪的三叶虫
这个时代的三叶虫有个特征，那就是身型更加立体的三叶虫大量出现。
眼睛→
卡瓦拉栉虫
侧面
隐头虫
像鼠妇一样变圆了（其他三叶虫也如此）
俄罗斯梦幻三叶虫
进而又出现了『泳技高超』的三叶虫。
流线型的身体，能够减小水的阻力
覆盖在头部周围的复眼
其物种的多样性激增。
眼
粘合盾甲虫
细长条形的眼睛
双棘虫
既然匍匐在海底生活，也用不着多好的视力吧？
三叶虫这排山倒海的势头果真所向披靡、无往不利吗？！
我的眼光果然不错！！
然而一起大事件发生了。

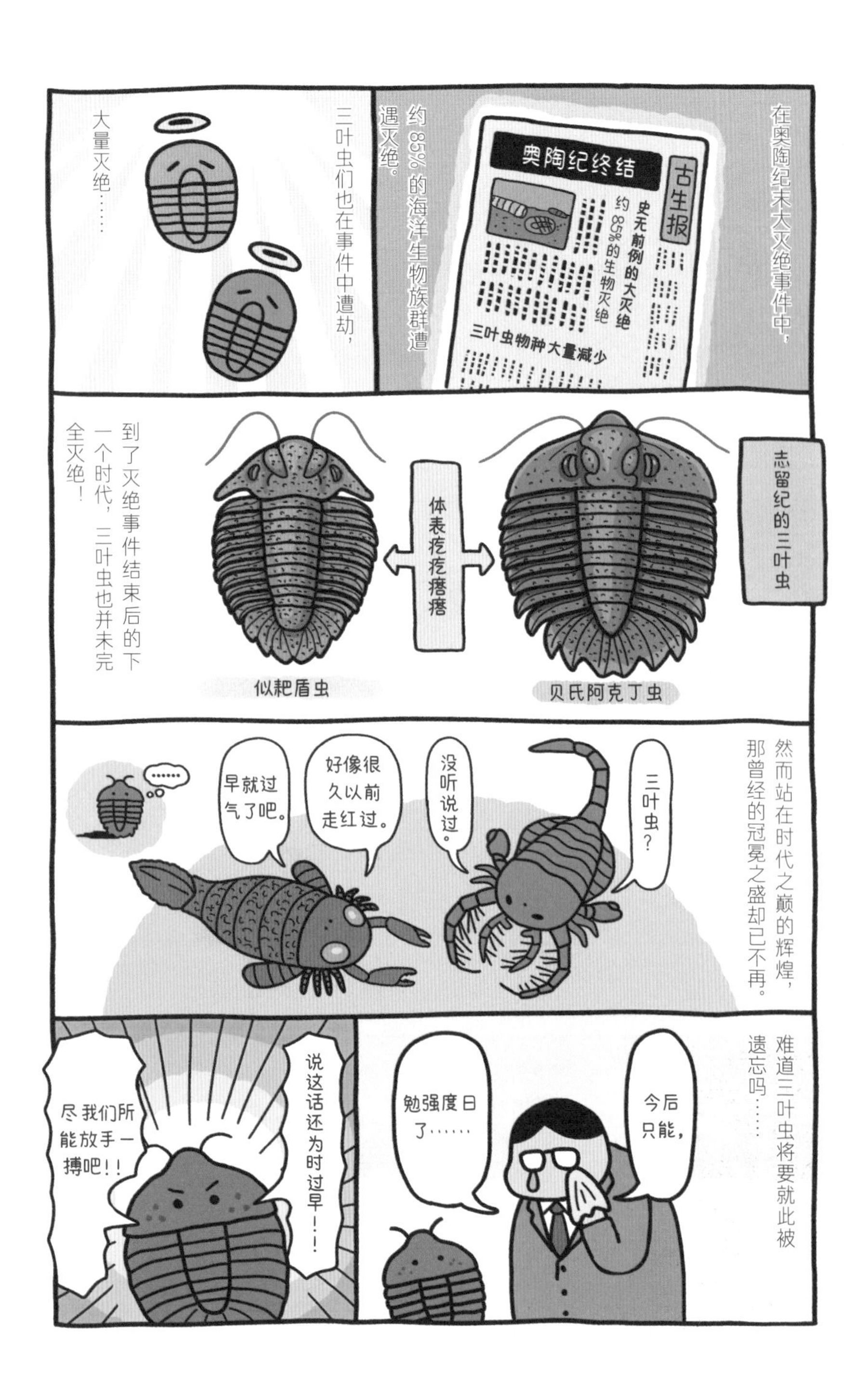

在奥陶纪末大灭绝事件中，
古生报
奥陶纪终结
史无前例的大灭绝
约85%的生物灭绝
三叶虫物种大量减少
约85%的海洋生物族群遭遇灭绝。
三叶虫们也在事件中遭劫，
大量灭绝……
志留纪的三叶虫
体表疙疙瘩瘩
贝氏阿克丁虫
似耙盾虫
到了灭绝事件结束后的下一个时代，三叶虫也并未完全灭绝！
然而站在时代之巅的辉煌，那曾经的冠冕之盛却已不再。
三叶虫？
没听说过。
好像很久以前走红过。
早就过气了吧。
……
难道三叶虫将要就此被遗忘吗……
今后只能，
勉强度日了……
说这话还为时过早！！
尽我们所能放手一搏吧！！

度过志留纪的寒冬，三叶虫迎来了泥盆纪。
三叶虫发生了惊人的进化！
久违了！！
不少生活在志留纪的三叶虫长得人畜无害。而当它们来到泥盆纪之后，
长着酷似山羊犄角的怪物三叶虫
耙尾虫
体长可达60厘米的巨型三叶虫
雄伟巨型虫
甲虫般的犄角，用它来打架吗？
三叉戟三叶虫
塔型复眼
厄尔本唇虫
竟进化出了三叶虫史上前所未有的浮夸形貌！
触底反弹，奇迹般的二次『爆红』！
多亏你们没有轻言放弃，一路拼搏过来了啊！！
自那之后，三叶虫们又经历了什么呢……
我们先按下不表……

身体分为头部、胸部、尾部三部分
寒武纪登陆事件

阿潘库拉虫

[学名] Apankura machu

[分类] 直虾类

[时代] 寒武纪

[食物] 不明

[大小] 约4厘米

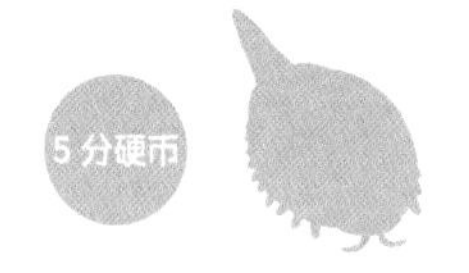
5分硬币

因为那里有陆地。

曾有研究认为，寒武纪的所有生物都生活在海洋中。
然而有一种生物却打破了这一说法。
这就是阿潘库拉虫，一种像鼠妇长出了尾巴的生物。
寒武纪末期的阿潘库拉虫，在当时可能已经登上陆地。
哗啦
哗啦
犯下“寒武纪登陆事件”的，就是你小子吧！
哼！你这么肯定我就是犯人，应该有证据吧？
证明它登陆的证据是，生活在海洋中的节肢动物，为了将水送入腮，都进化出了
马尔三叶形虫
游泳呼吸足
步行足
『游泳呼吸足』，可是阿潘库拉虫却只有『步行足』。
甚至还发现了足以断定出自阿潘库拉虫足迹的化石。
证据确凿!! 你在陆地上都干了什么?!
唔……这、这……
关于阿潘库拉虫的登陆，尚余诸多谜团，至今未解。

“*Apankura machu*”这个拉丁名和螃蟹有关。阿潘库拉虫的外表与鼠妇相似，但有研究指出，它可能像螃蟹一样，在水中和陆地上都生活过。从这一特征来说，正如它的拉丁名所示，它有可能是螃蟹等生物的祖先。

心地善良的
大力士
庞大身躯长达 2 米
上下 2 列鳍
口部细长附肢，如同梳
子一般过滤浮游生物

海神盔虾

[学名] Aegirocassis

[分类] 射口类

[时代] 奥陶纪

[食物] 浮游生物

[大小] 约 2 米（体型大者）

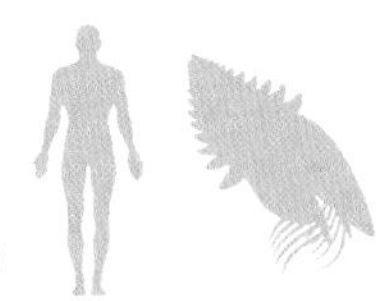

血雨腥风的时
代已经终结了。

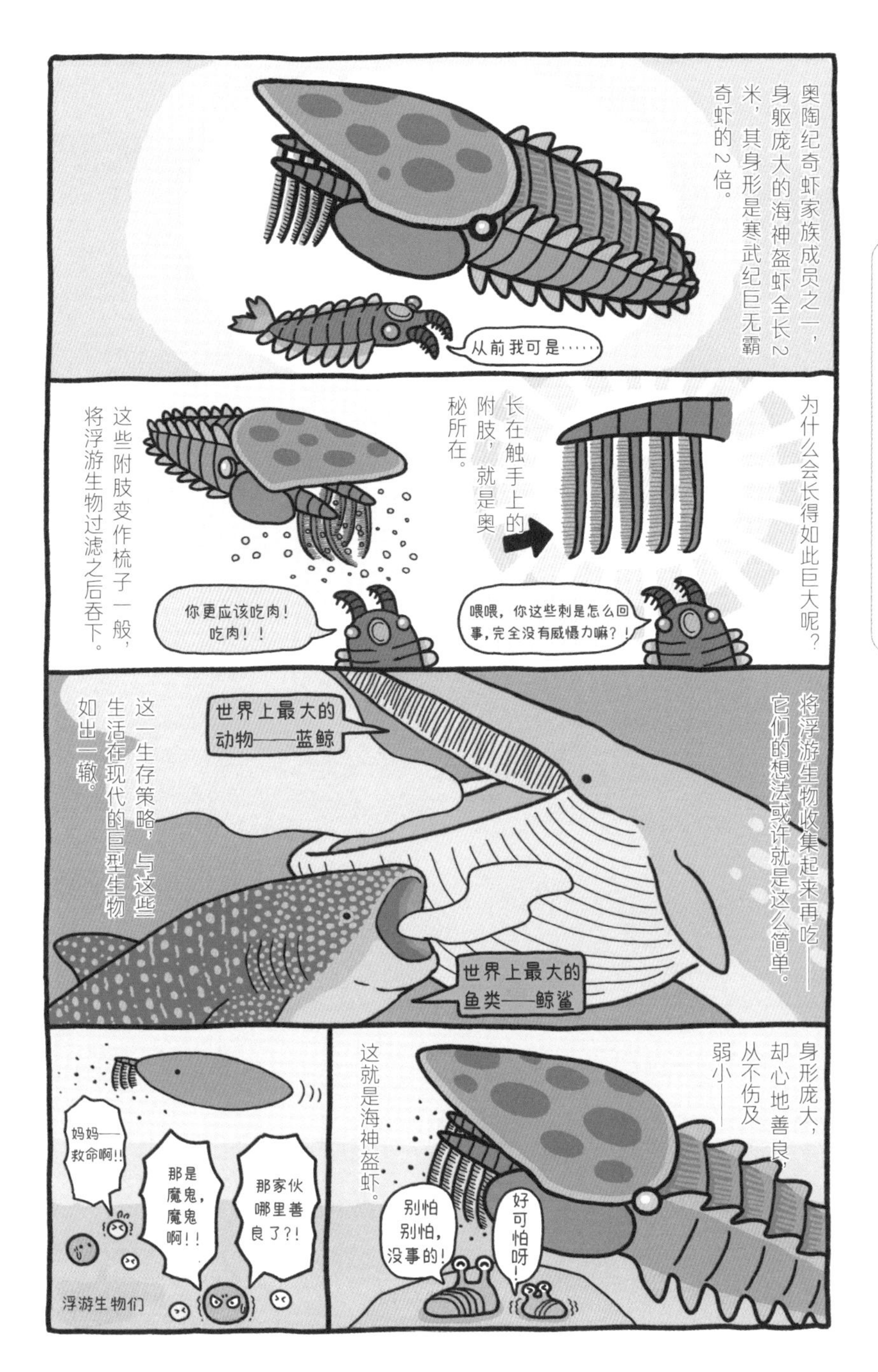

奥陶纪奇虾家族成员之一，身躯庞大的海神盔虾全长2米，其身形是寒武纪巨无霸奇虾的2倍。
从前我可是……
为什么会长得如此巨大呢？
长在触手上的附肢，就是奥秘所在。
喂喂，你这些刺是怎么回事，完全没有威慑力嘛？！
这些附肢变作梳子一般，将浮游生物过滤之后吞下。
你更应该吃肉！吃肉！！
将浮游生物收集起来再吃——它们的想法或许就是这么简单。
世界上最大的动物——蓝鲸
这一生存策略，与这些生活在现代的巨型生物如出一辙。
世界上最大的鱼类——鲸鲨
身形庞大，却心地善良，从不伤及弱小——
这就是海神盔虾。
好可怕呀！
别怕别怕，没事的！
那家伙哪里善良了？！
那是魔鬼，魔鬼啊！！
妈妈——救命啊!!
浮游生物们

海神盔虾的学名 Aegirocassis，由北欧神话中海神的名字“Aegiro”，与意为头盔的拉丁语词汇“cassis”组合而成。排列在其身体上、下方的 2 列鳍，是其特别罕见的特征，被认为是节肢动物极其原始的特征。

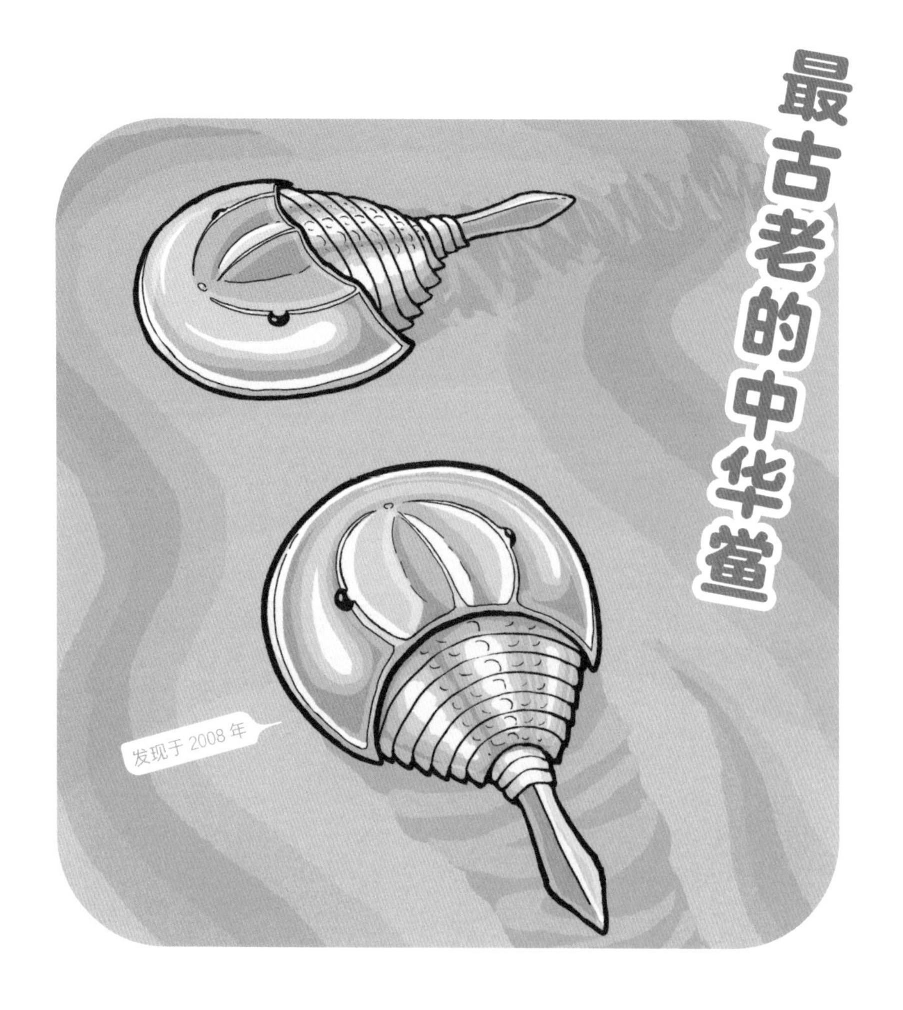
最古老的中华鲎
发现于2008年

新月鲎

[学名] Lunataspis

[分类] 中华鲎类

[时代] 奥陶纪

[食物] 不明

[大小] 约5厘米

我可不是嫌麻烦才
不做任何改变的哦。

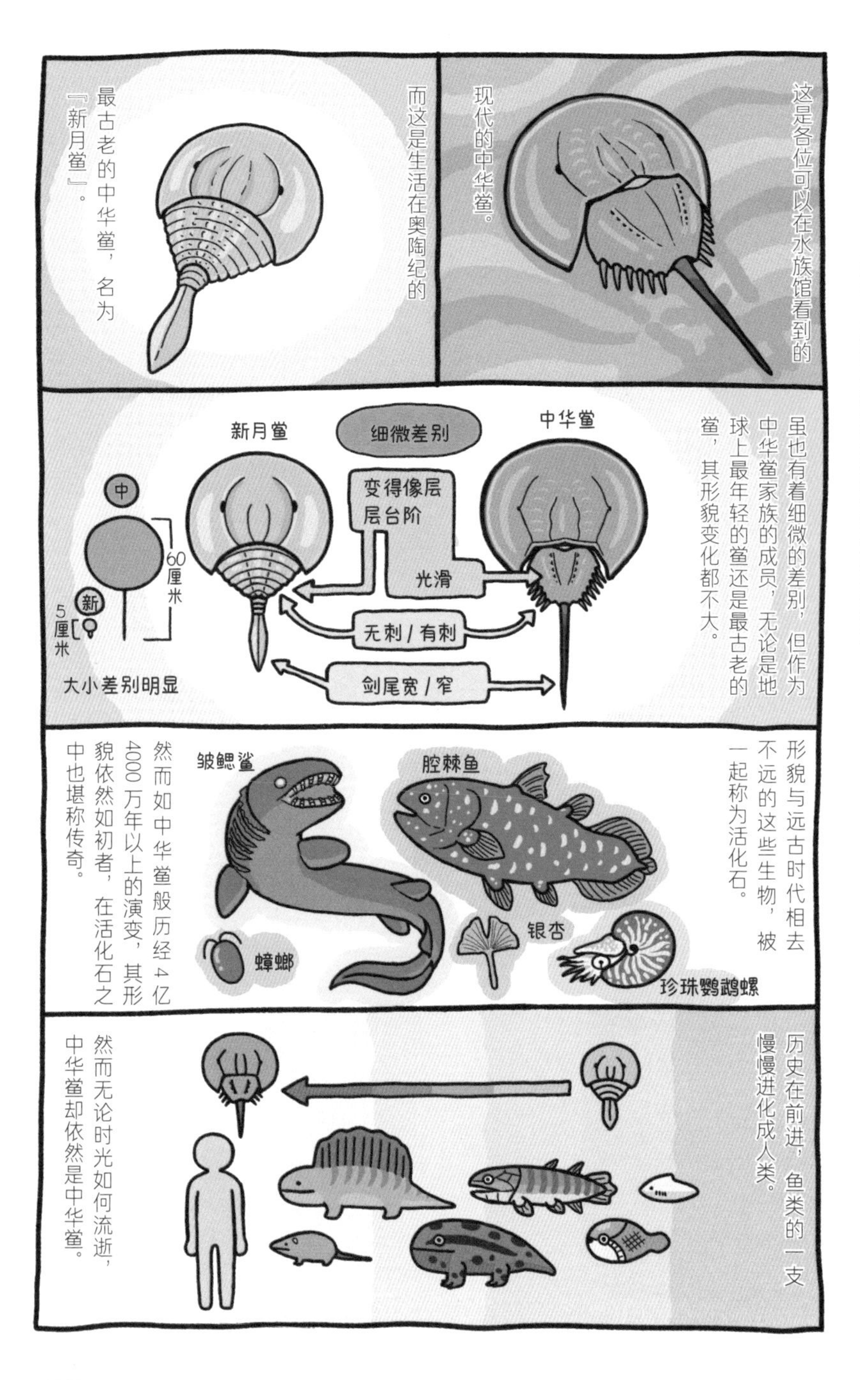
这是各位可以在水族馆看到的
现代的中华鲎。
而这是生活在奥陶纪的
最古老的中华鲎，名为『新月鲎』。
虽也有着细微的差别，但作为中华鲎家族的成员，无论是地球上最年轻的鲎还是最古老的鲎，其形貌变化都不大。
新月鲎
细微差别
中华鲎
中
新
60厘米
5厘米
大小差别明显
变得像层层台阶
光滑
无刺／有刺
剑尾宽／窄
形貌与远古时代相去不远的这些生物，被一起称为活化石。
皱鳃鲨
腔棘鱼
银杏
蟑螂
珍珠鹦鹉螺
然而如中华鲎般历经4亿4000万年以上的演变，其形貌依然如初者，在活化石之中也堪称传奇。
历史在前进，鱼类的一支慢慢进化成人类。
然而无论时光如何流逝，
中华鲎却依然是中华鲎。

虽然中华鲎被认为是由泥盆纪末期就灭绝的剑尾目进化而来，但在奥陶纪的地层中，发现了新月鲎（中华鲎类）。根据这一发现，近年来人们开始认为进化的顺序可能也有所不同。

节肢动物界的
大块头新兵
长着宽大的剑尾
足有6对共12条
长在最前端的一对足状如
剪刀，隐藏在头胸部之下

五十桨翼鲎

[学名] Pentecopterus

[分类] 板足鲎类

[时代] 奥陶纪

[食物] 肉类

[大小] 约1.7米

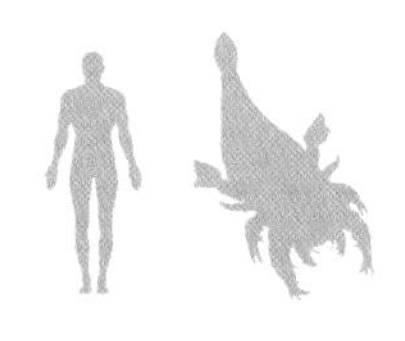

谁是“怪胎”啊？！

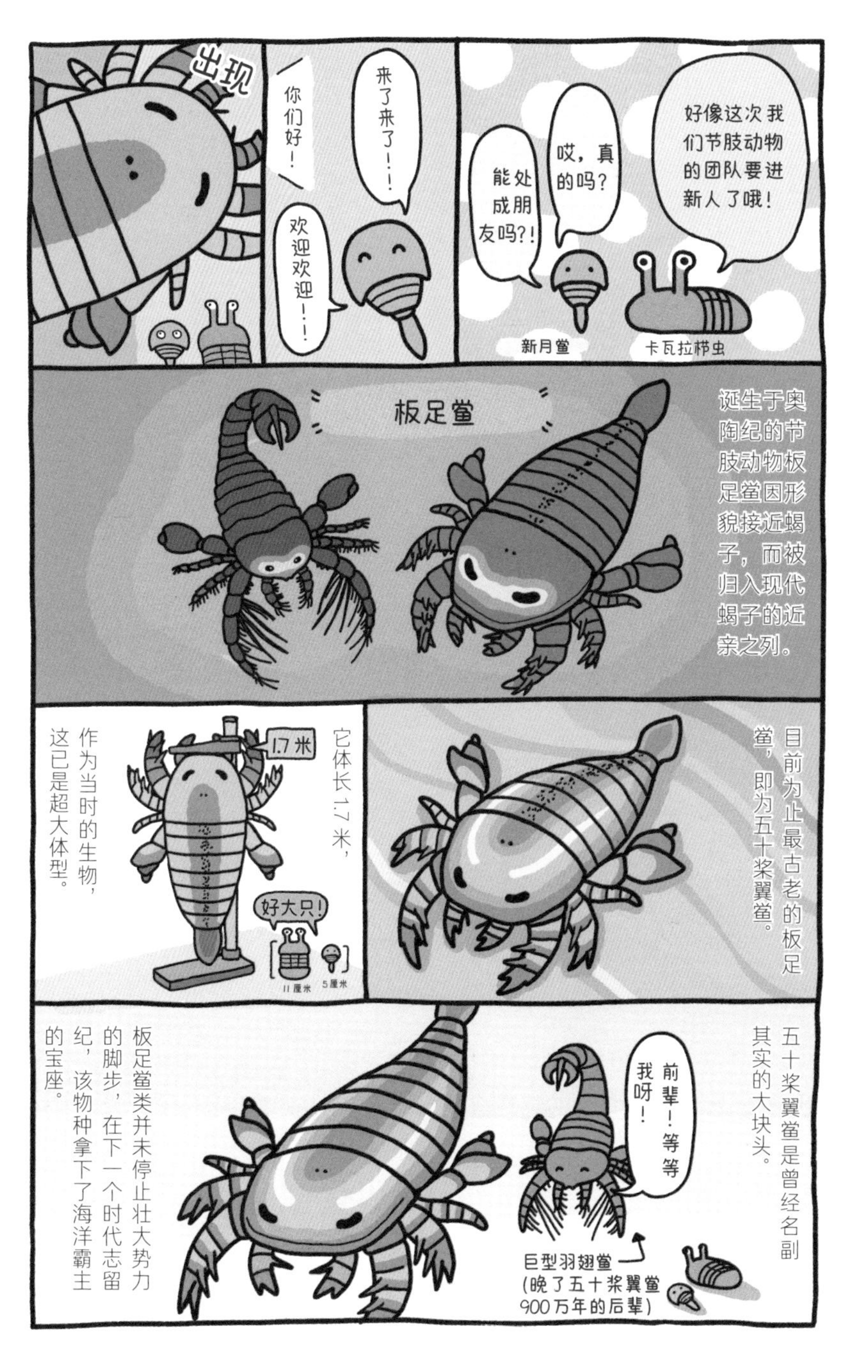

出现
你们好！
来了来了！！
欢迎欢迎！！
好像这次我们节肢动物的团队要进新人了哦！
哎，真的吗？
能处成朋友吗?!
新月鲎
卡瓦拉栉虫
板足鲎
诞生于奥陶纪的节肢动物板足鲎因形貌接近蝎子，而被归入现代蝎子的近亲之列。
它体长1.7米，
作为当时的生物，这已是超大体型。
1.7米
好大只!
11厘米
5厘米
目前为止最古老的板足鲎，即为五十桨翼鲎。
五十桨翼鲎是曾经名副其实的大块头。
前辈！等等我呀！
巨型羽翅鲎
(晚了五十桨翼鲎900万年的后辈)
板足鲎类并未停止壮大势力的脚步，在下一个时代志留纪，该物种拿下了海洋霸主的宝座。

五十桨翼鲎被视作最古老的板足鲎类，因其身体构造复杂，满足板足鲎类的形貌特征。另外也有观点认为，在五十桨翼鲎诞生之前，就已经有身体结构较简单的板足鲎类的祖先了。

志留纪最危
险的猎手
桨状足
身体顶端的1对足已
进化为大螯

翼肢鲎

[学名] Pterygotus

[分类] 板足鲎类

[时代] 志留纪

[食物] 肉类

[大小] 约60厘米

我可以考虑
放你一马!

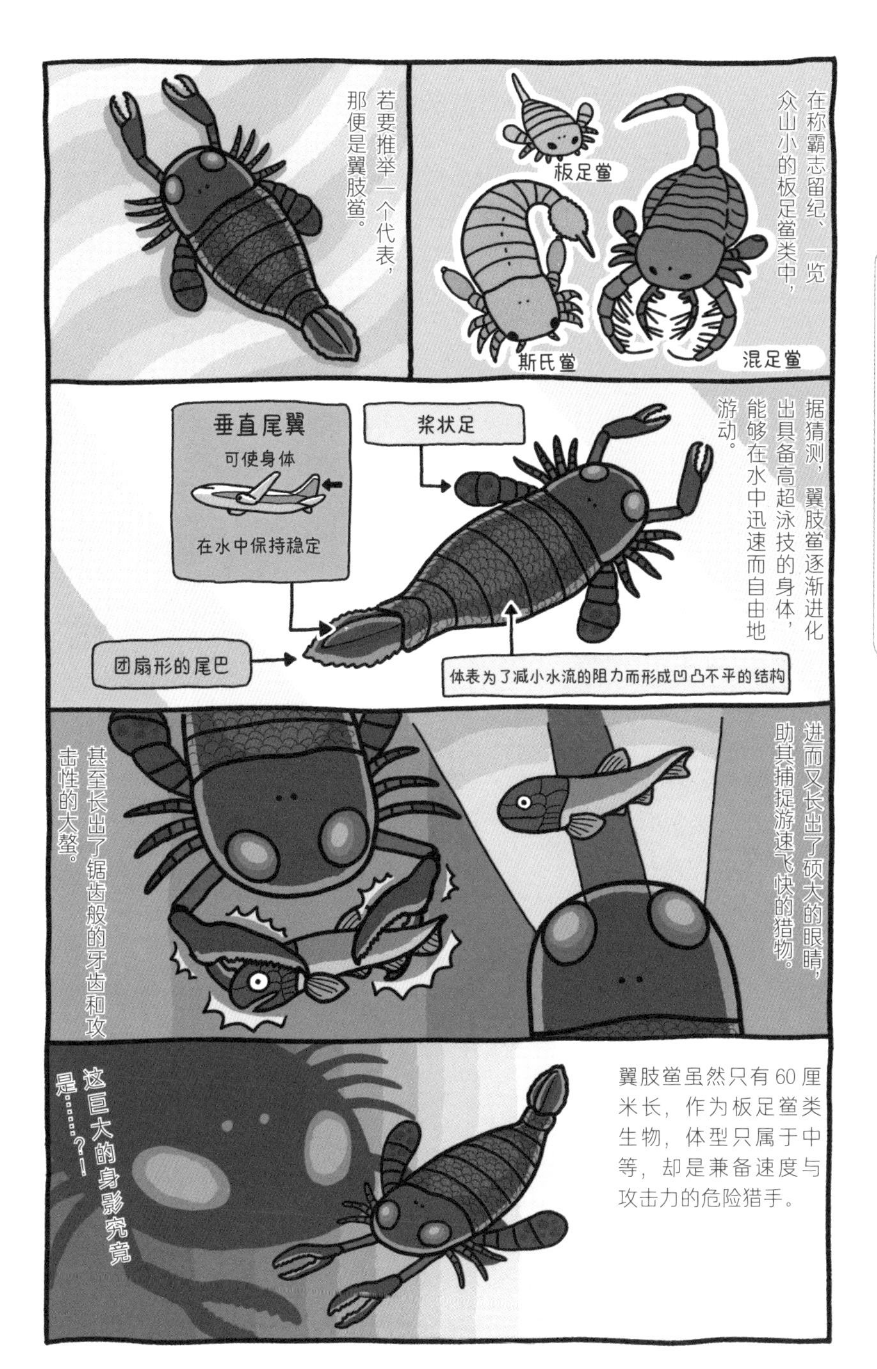
在称霸志留纪、一览众山小的板足鲎类中，
板足鲎
斯氏鲎
混足鲎
若要推举一个代表，那便是翼肢鲎。
据猜测，翼肢鲎逐渐进化出具备高超泳技的身体，能够在水中迅速而自由地游动。
垂直尾翼
可使身体
在水中保持稳定
桨状足
团扇形的尾巴
体表为了减小水流的阻力而形成凹凸不平的结构
进而又长出了硕大的眼睛，助其捕捉游速飞快的猎物。
甚至长出了锯齿般的牙齿和攻击性的大螯。
翼肢鲎虽然只有60厘米长，作为板足鲎类生物，体型只属于中等，却是兼备速度与攻击力的危险猎手。
这巨大的身影究竟是……？！

根据报告，板足鲎类中除了翼肢鲎，还有各种各样与之有亲缘关系的生物存在，据说种类甚至达到250种。游泳技能超群的翼肢鲎，在普通的板足鲎类亲族中，属于进化得比较成功的物种。

沉静的
大佬
形貌酷似翼肢鲎

锐支鲎

[学名] Acutiramus

[分类] 板足鲎类

[时代] 志留纪

[食物] 肉类

[大小] 约 2 米

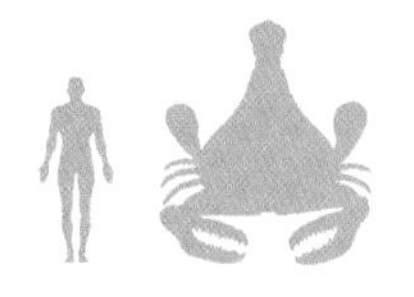

可能我也老了吧……

身长逾2米的锐支鲎，从其形貌看，似是将志留纪最危险的猎手——翼肢鲎
直接放大后的样子。
连在志留纪打遍天下无敌手的板足鲎类那帮血气方刚的家伙的风头都被抢尽了，锐支鲎想必是板足鲎类中当之无愧的首领。
然而就是这样的锐支鲎，在近年来的研究中却被发现，
锐支鲎先生！
它的眼睛，
嗯……右？……左？
看不见……
并不适合在明亮的海水中追捕猎物。
更有甚者，说锐支鲎的大螯外强中干，
请用力握紧哦！
0.0
在抓取猎物时，根本发挥不了作用。
或许锐支鲎的生活状态，就是隐居深海，在光线微弱的海水中，悠闲地享用柔软的食物吧。
呀——
夹

经确认数据表明，锐支鲎的复眼（相当于多个蜻蜓单眼组合而成的眼睛）的晶状体个数达1400个。理论上说，晶状体越多，越便于捕捉行动敏捷的猎物，作为比较对象来研究的小型板足鲎类，晶状体数量是锐支鲎的3倍左右。

真实的王虫
长着又细又硬的毛
足分上、下两部分，下部足用于行走，上部足作用不明

金氏奥法虫

[学名] Offacolus

[分类] 螯肢类

[时代] 志留纪

[食物] 不明

[大小] 约5毫米

5分硬币

最好别把我惹毛了哦！

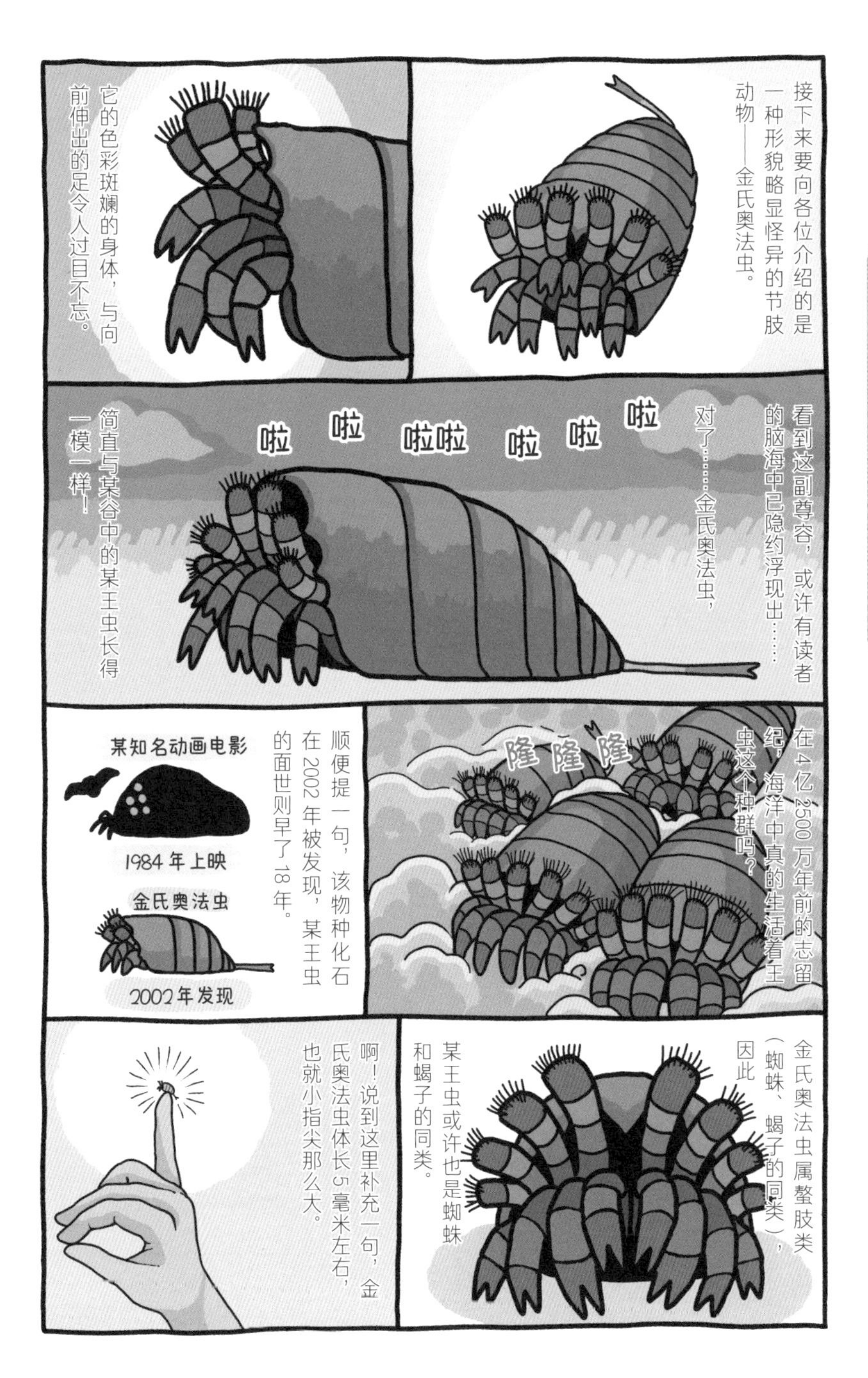
接下来要向各位介绍的是一种形貌略显怪异的节肢动物——金氏奥法虫。
它的色彩斑斓的身体，与向前伸出的足令人过目不忘。
看到这副尊容，或许有读者的脑海中已隐约浮现出……
对了……金氏奥法虫，
啦 啦 啦啦 啦 啦 啦
简直与某谷中的某王虫长得一模一样！
在4亿2500万年前的志留纪，海洋中真的生活着王虫这个种群吗？
隆隆隆
顺便提一句，该物种化石在2002年被发现，某王虫的面世则早了18年。
某知名动画电影
1984年上映
金氏奥法虫
2002年发现
金氏奥法虫属螯肢类（蜘蛛、蝎子的同类），因此
某王虫或许也是蜘蛛和蝎子的同类。
啊！说到这里补充一句，金氏奥法虫体长5毫米左右，也就小指尖那么大。

发现金氏奥法虫化石的地点，是英国的赫里福德郡，是近年新发现的化石产地。产自赫里福德郡的化石，保存状态良好者较多，因此连生物身上一般不会留作化石的细小部位都得到了确认。

体表上连接了10条细线，
每根细线上是全长约1毫
米的节肢动物
带娃的节肢动物

风筝携带虫

[学名] Aquilonifer

[分类] 节肢动物

[时代] 志留纪

[食物] 不明

[大小] 约1厘米

5分硬币

孩子们，都到齐了吗？

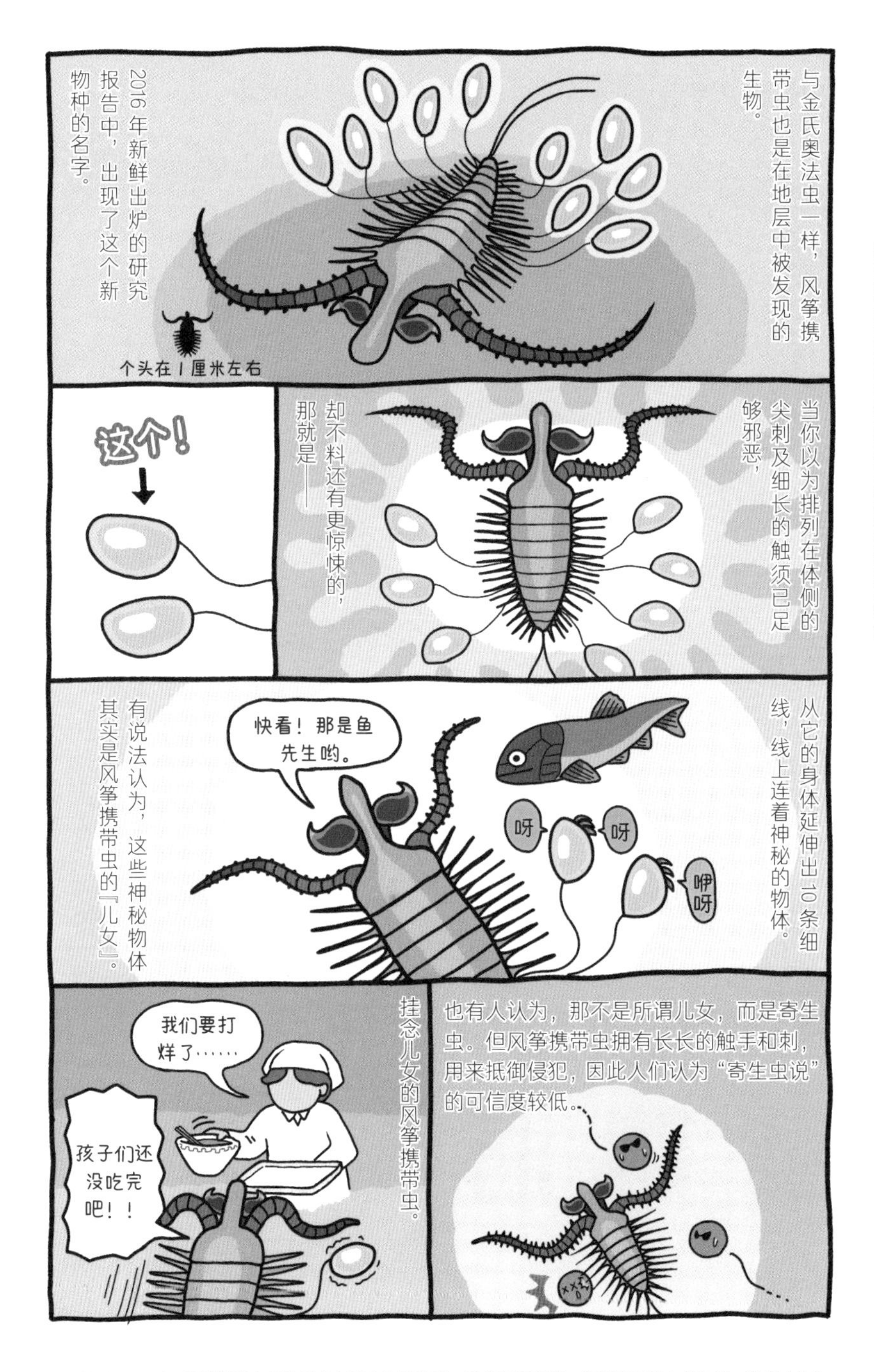
与金氏奥法虫一样，风筝携带虫也是在地层中被发现的生物。
2016年新鲜出炉的研究报告中，出现了这个新物种的名字。
个头在1厘米左右
当你以为排列在体侧的尖刺及细长的触须已足够邪恶，
却不料还有更惊悚的，那就是——
这个！
从它的身体延伸出10条细线，线上连着神秘的物体。
快看！那是鱼先生哟。
呀
呀
咿呀
有说法认为，这些神秘物体其实是风筝携带虫的『儿女』。
挂念儿女的风筝携带虫。
我们要打烊了……
孩子们还没吃完吧！！
也有人认为，那不是所谓儿女，而是寄生虫。但风筝携带虫拥有长长的触手和刺，用来抵御侵犯，因此人们认为“寄生虫说”的可信度较低。

风筝携带虫应该细分在哪个生物种群，目前还不清楚。虽然其形貌十分独特，但有人认为，它与生活在寒武纪的马尔三叶形虫同属于马尔拉虫纲。

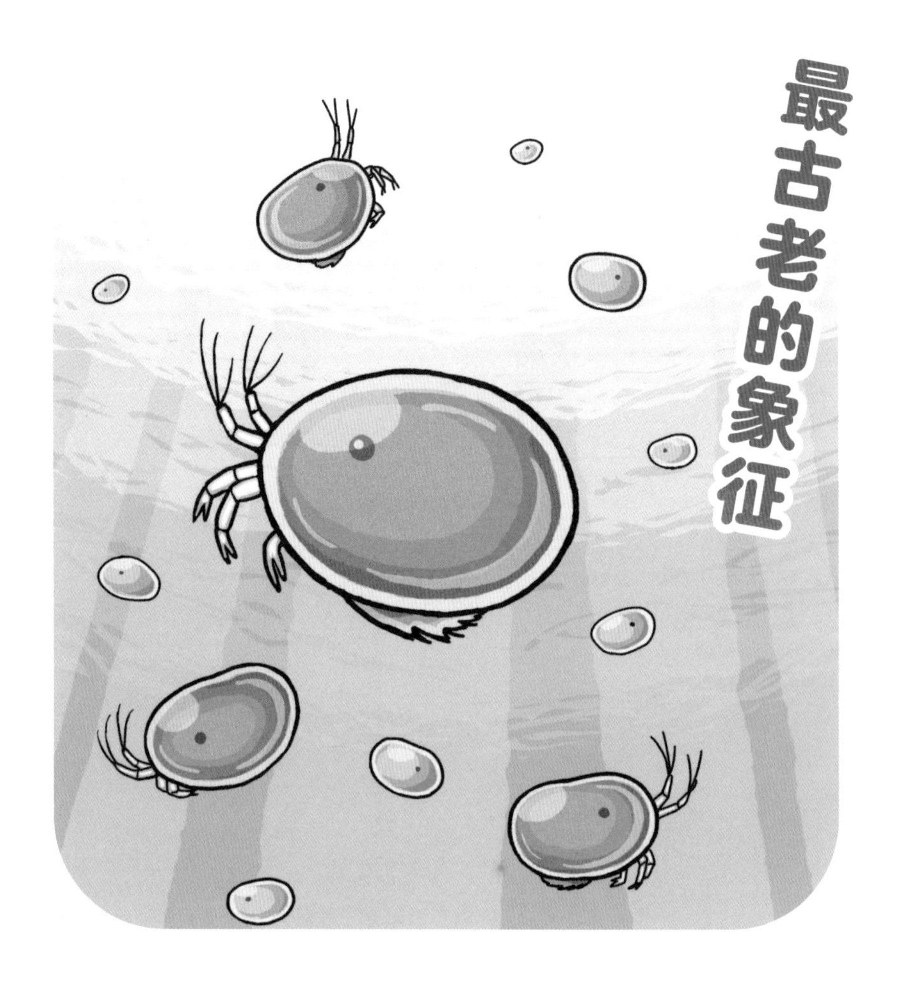
最古老的象征

巨阴游泳虫

[学名] Colymbosathon

[分类] 介形虫类

[时代] 志留纪

[食物] 不明

[大小] 约5毫米

5分硬币

喂……你这是往
哪儿看呢？！

体长5毫米左右的小型生物巨阴游泳虫，被归入介形虫类，是与希氏弯喉海萤同一族群的节肢动物。

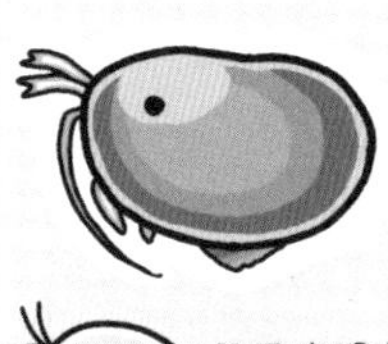

希氏弯喉海萤

这样一个身材短小、其貌不扬的家伙，

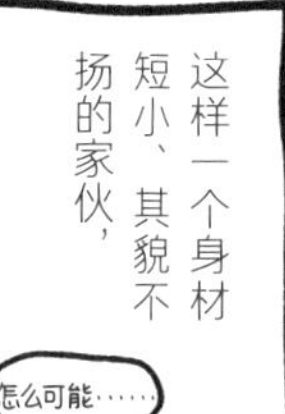
怎么可能……

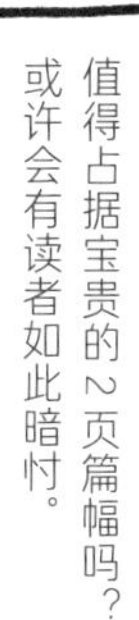

值得占据宝贵的2页篇幅吗？或许会有读者如此暗忖。

然而巨阴游泳虫这种生物，却因人们在其化石中发现了史无前例的“某个东西”，而被赋予了纪念意义。

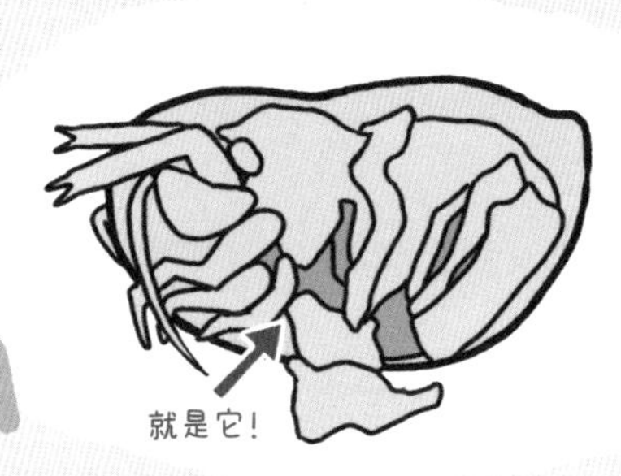
就是它！

某个东西……瞧！

雄性生殖器！

一般而言，从化石中判定生物的性别难度极大。

不排除在化石中发现卵或胚胎，从而判定其属于雌性生物。

但化石中几乎都不会保留雄性生物的生殖器。

换言之，巨阴游泳虫是目前为止判明的

是兄弟们的，
都给我出来吧！

『最古老的雄性生物』。

※“雄性”本身应该是很早以前就有了，只是没有留下化石。

我做梦也想不到，自己的“小鸡鸡”居然会在4亿多年后的未来，不但被拿出来分析，还被搬进书里出版！

不仅发现了介形虫类“小鸡鸡”的化石，还发现过精子的化石。那是封存在琥珀中的介形虫化石，估计生活在1亿年前的中生代白垩纪，它便是精子的主人。介形虫类这一生物种群，在研究生物性别的方面，蕴藏着巨大的可能性。

最后的射口类
体长约 10 厘米的
小型射口类
翼状肢
通过化石确认，
这里为肛门

巴氏辛德汉斯虫

［学名］ Schinderhannes

［分类］ 射口类

［时代］ 泥盆纪

［食物］ 肉类

［大小］ 约 10 厘米

总之倒下一个我，还有
第二个、第三个射口类
生物站起来……

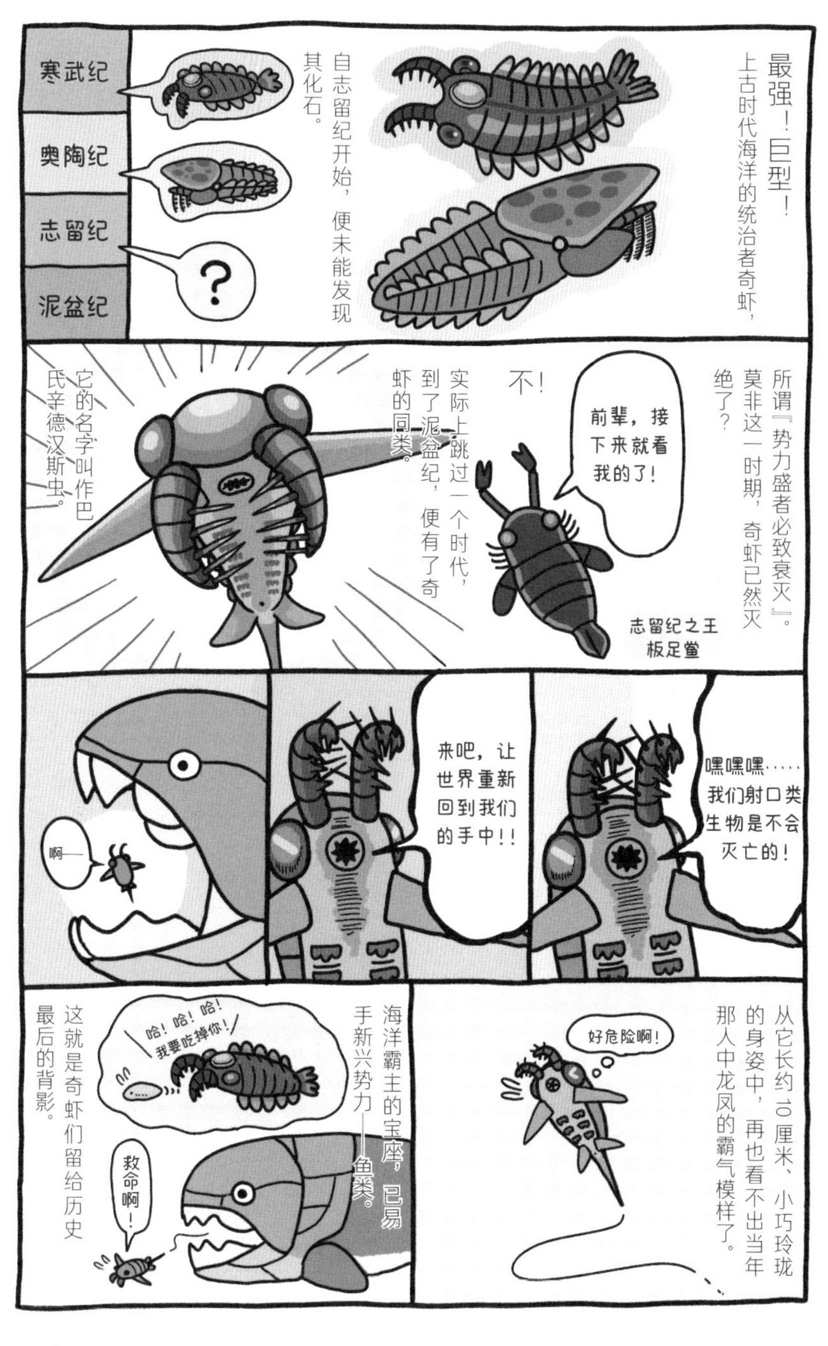
最强！巨型！
上古时代海洋的统治者奇虾，
自志留纪开始，便未能发现其化石。
寒武纪
奥陶纪
志留纪
泥盆纪
？
所谓『势力盛者必致衰灭』。莫非这一时期，奇虾已然灭绝了？
前辈，接下来就看我的了！
志留纪之王 板足鲎
不！
实际上跳过一个时代，到了泥盆纪，便有了奇虾的同类。
它的名字叫作巴氏辛德汉斯虫。
嘿嘿嘿……我们射口类生物是不会灭亡的！
来吧，让世界重新回到我们的手中！！
啊——
从它长约10厘米、小巧玲珑的身姿中，再也看不出当年那人中龙凤的霸气模样了。
好危险啊！
海洋霸主的宝座，已易手新兴势力——鱼类。
哈！哈！哈！我要吃掉你！
救命啊！
这就是奇虾们留给历史最后的背影。

通过研究巴氏辛德汉斯虫的触手、眼睛的构造，人们确认了一个观点，即它与寒武纪出现的射口类生物赫德虾（Hurdia）具有相似的构造。圆形的口部，也是射口类生物共同的身体特征。

好想在空中自
由翱翔啊！
拥有3对6片翅膀，比现代
的昆虫多2片

狭网虫

[学名] Stenodictya

[分类] 古网翅类

[时代] 石炭纪

[食物] 植物的汁液

[大小] 约20厘米

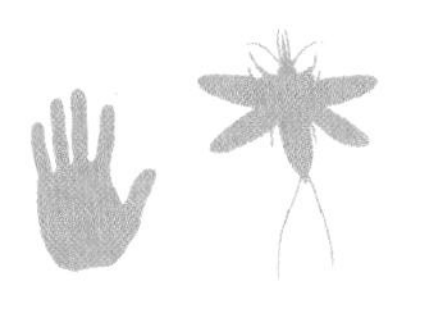

不如把我的翅膀分
给你们吧？

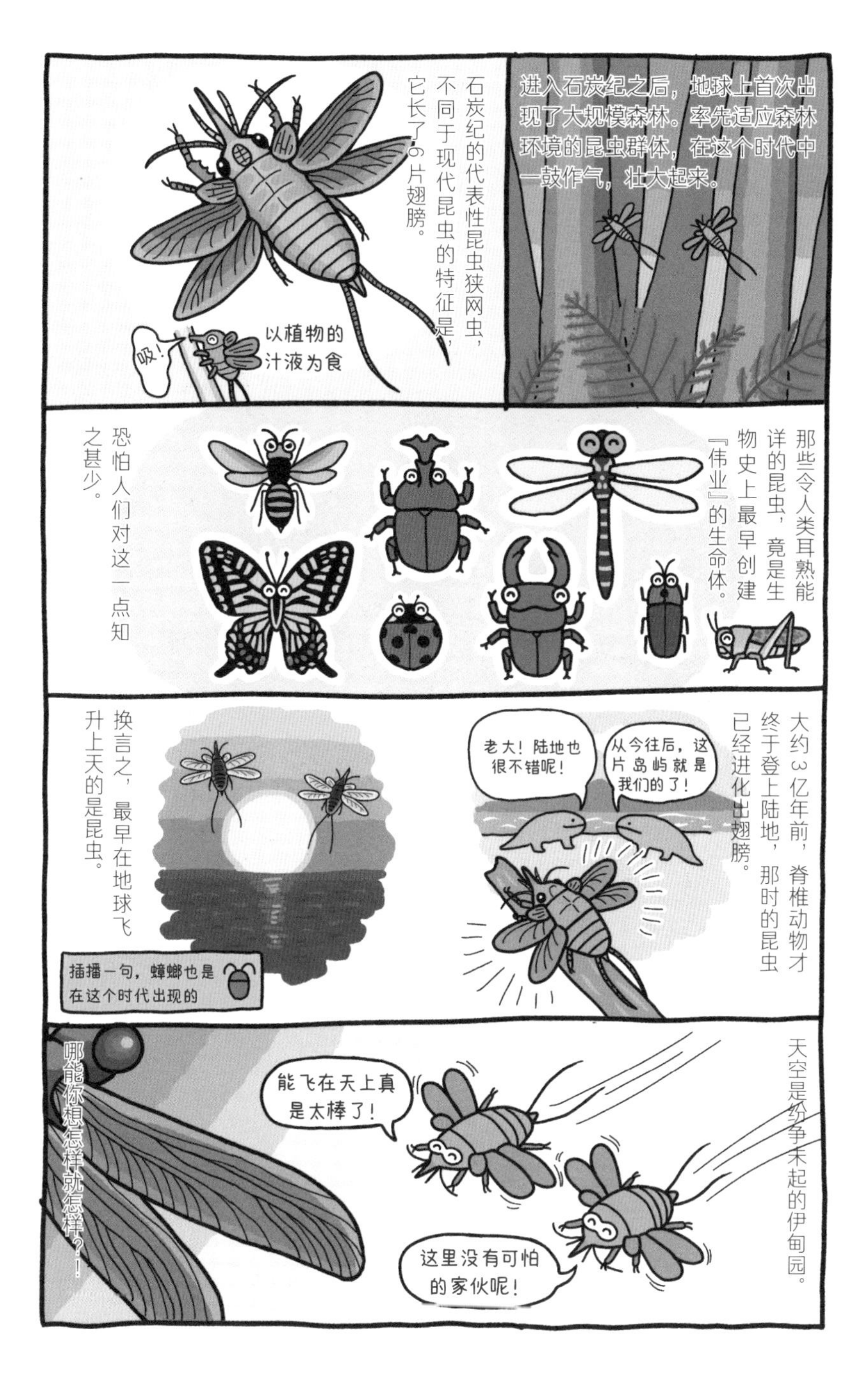
进入石炭纪之后，地球上首次出现了大规模森林。率先适应森林环境的昆虫群体，在这个时代中一鼓作气，壮大起来。
石炭纪的代表性昆虫狭网虫，不同于现代昆虫的特征是，它长了6片翅膀。
吸！
以植物的汁液为食
那些令人类耳熟能详的昆虫，竟是生物史上最早创建『伟业』的生命体。
恐怕人们对这一点知之甚少。
大约3亿年前，脊椎动物才终于登上陆地，那时的昆虫已经进化出翅膀。
从今往后，这片岛屿就是我们的了！
老大！陆地也很不错呢！
换言之，最早在地球飞升上天的是昆虫。
插播一句，蟑螂也是在这个时代出现的
天空是纷争未起的伊甸园。
能飞在天上真是太棒了！
这里没有可怕的家伙呢！
哪能你想怎样就怎样?!

狭网虫所属的古网翅类生物群，是石炭纪、二叠纪中异常繁盛的庞大生物群，在当时的昆虫种类中占到五成左右。这种昆虫现已灭绝，无法得见，可说是一种如梦如幻的昆虫。

空中霸主
史上最大的昆虫

巨脉蜻蜓

[学名] Meganeura

[分类] 巨差翅类

[时代] 石炭纪

[食物] 肉类

[大小] 约70厘米

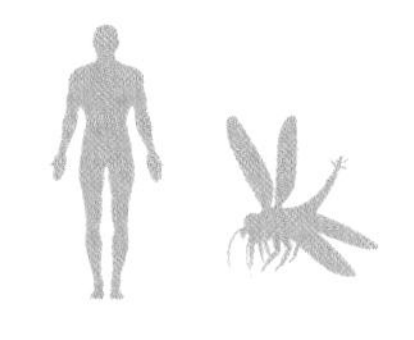

不会飞的昆虫，就只是一只平凡的昆虫。

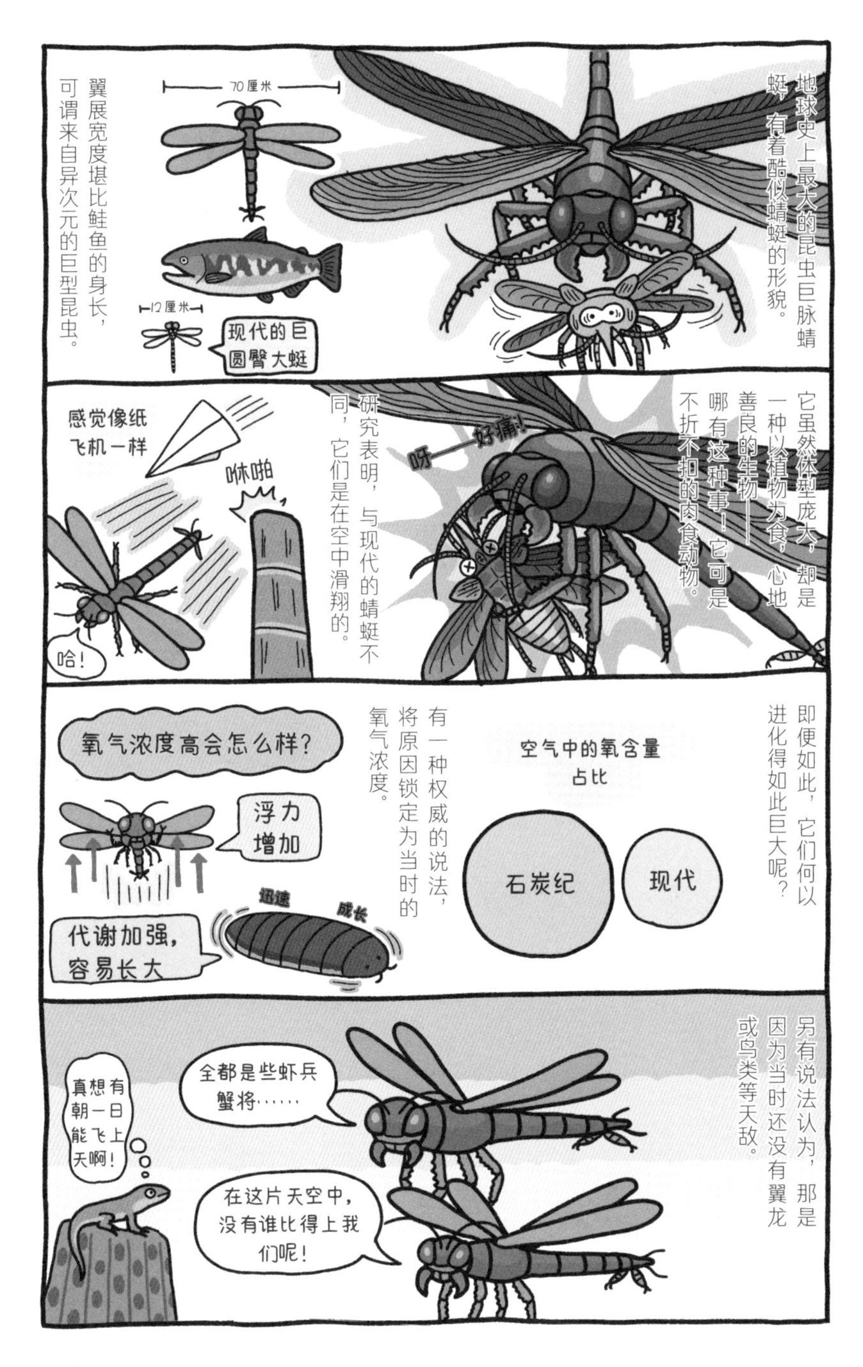
地球史上最大的昆虫巨脉蜻蜓，有着酷似蜻蜓的形貌。
翼展宽度堪比鲑鱼的身长，可谓来自异次元的巨型昆虫。
70厘米
12厘米
现代的巨圆臀大蜓
它虽然体型庞大，却是一种以植物为食，心地善良的生物——
哪有这种事！它可是不折不扣的肉食动物。
呀——好痛！
研究表明，与现代的蜻蜓不同，它们是在空中滑翔的。
感觉像纸飞机一样
咻啪
哈！
即便如此，它们何以进化得如此巨大呢？
空气中的氧含量占比
石炭纪
现代
有一种权威的说法，将原因锁定为当时的氧气浓度。
氧气浓度高会怎么样？
浮力增加
迅速
成长
代谢加强，容易长大
另有说法认为，那是因为当时还没有翼龙或鸟类等天敌。
全都是些虾兵蟹将……
在这片天空中，没有谁比得上我们呢！
真想有朝一日能飞上天啊！

巨脉蜻蜓的化石大部分残缺不全，因此无法准确拼凑出它的全貌。调查过巨脉蜻蜓的近亲、肉食动物西氏纳缪尔模蜓（*Namurotypus sippeli*）之后，发现其腿上有许多细小的刺，因此认为具有共同特征的巨脉蜻蜓也是肉食系。

空前绝后的超级巨无霸蜈蚣
全身分为 30 多节
北美及欧洲曾发现其足迹化石

远古蜈蚣虫

[学名] Arthropleura

[分类] 节肢动物

[时代] 石炭纪

[食物] 植物

[大小] 约 2 米

迈右脚，迈左脚……呼！好累！

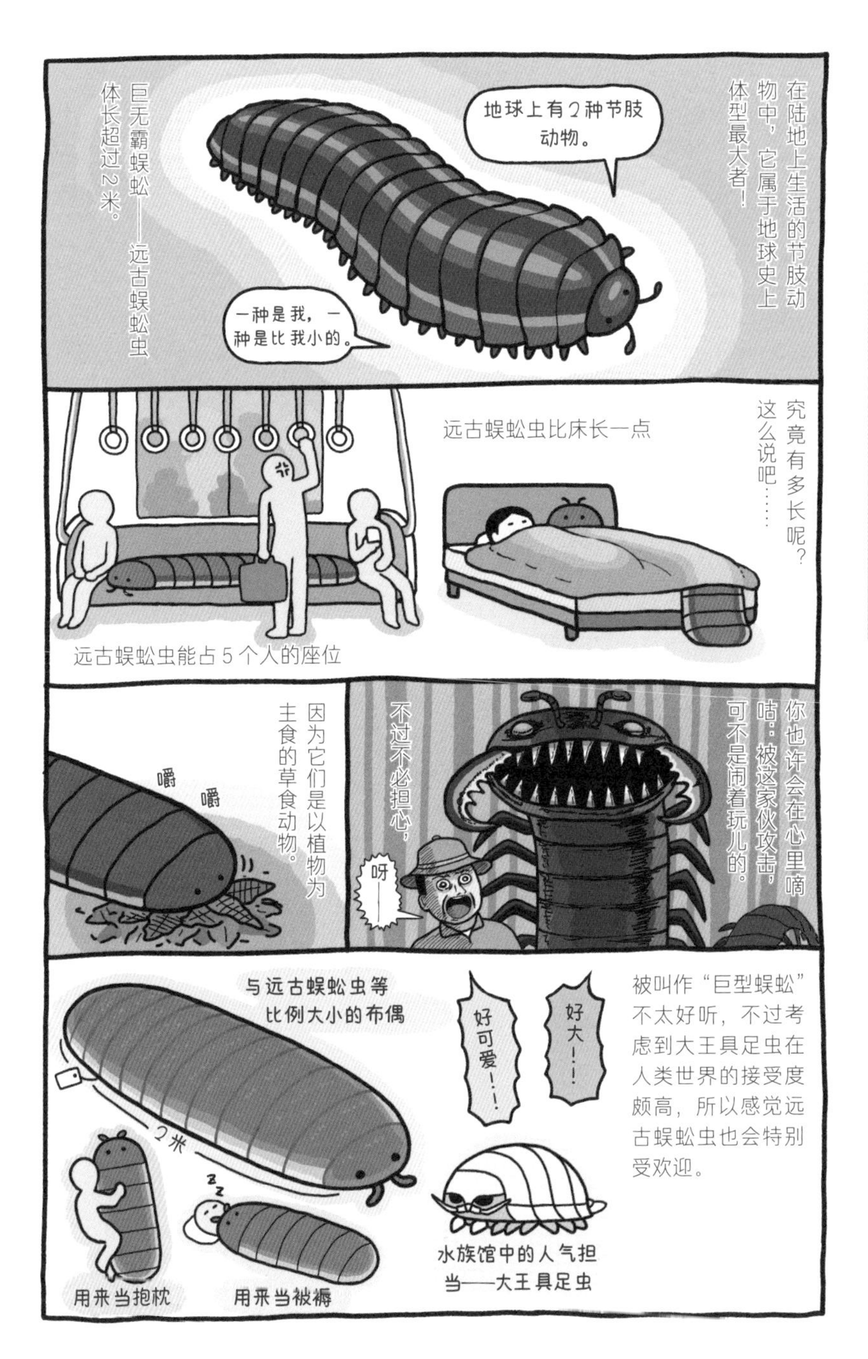
在陆地上生活的节肢动物中，它属于地球史上体型最大者！
地球上有2种节肢动物。
巨无霸蜈蚣——远古蜈蚣虫体长超过2米。
一种是我，一种是比我小的。
究竟有多长呢？这么说吧……
远古蜈蚣虫比床长一点
远古蜈蚣虫能占5个人的座位
你也许会在心里嘀咕：被这家伙攻击，可不是闹着玩儿的。
不过不必担心，
呀——
因为它们是以植物为主食的草食动物。
嚼
嚼
被叫作“巨型蜈蚣”不太好听，不过考虑到大王具足虫在人类世界的接受度颇高，所以感觉远古蜈蚣虫也会特别受欢迎。
好大！！
好可爱！！
与远古蜈蚣虫等比例大小的布偶
2米
用来当抱枕
用来当被褥
水族馆中的人气担当——大王具足虫

远古蜈蚣虫的足迹化石，在各种各样的地点都被发现过，足迹宽10~38厘米，分两列。其中在加拿大新不伦瑞克省发现的足迹化石长达5.5米。

手形尾虫

[学名] Cheiropyge

[分类] 三叶虫类

[时代] 二叠纪

[食物] 不明

[大小] 1-2 厘米

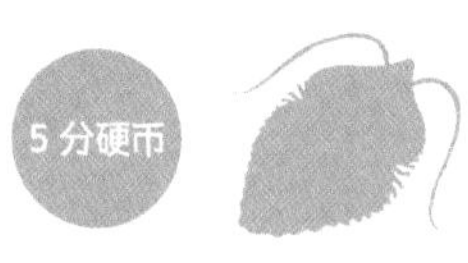

泥盆纪的三叶虫看似华丽变身，重拾往日风光，
闪亮登场
岂料这却是三叶虫时代最后的辉煌。
最近的观众越来越少了啊……
空空荡荡
三叶虫虽经历了多样的进化，
我会游泳！
我变得很立体！
我有好多刺！
我的战斗力很强！
然而在进入石炭纪之后仍然能够存活的仅剩『砑头虫类』这一个族群了。
手形尾虫是为数不多能撑到二叠纪末期的三叶虫。
没有了华丽的刺和突起，
造型变得朴素。
对不起……我已经不想再出风头了。
私人的事情不太方便透露……
这样的砑头虫类也在二叠纪末的大灭绝事件中全军覆没。
伴随着古生代而登上历史舞台的三叶虫，也在古生代终了之际谢幕。
SYC48 解散演唱会
再见——
谢谢你们！！

能够撑到二叠纪末的三叶虫仅余砑头虫类的5属，其中包括手形尾虫。然而，连这些三叶虫也在后来的大灭绝事件中销声匿迹了。这5属三叶虫的化石分别在中国、日本、巴基斯坦、俄罗斯等地被发现。

没有灭绝，就没有繁盛

五次生物大灭绝

自古生代寒武纪至今，一共发生过五次大规模生物灭绝事件，大量生物在事件中销声匿迹，人称这五次大规模生物灭绝事件为“Big Five”。

第一次发生在奥陶纪末期，第二次发生在泥盆纪末期。这两次事件导致大量生物濒临灭绝。而最大规模的灭绝事件，即第三次事件，发生在二叠纪末期。当时，生活在海洋中的96%生物灭绝。生活在陆地上的生物也未能幸免，有些地方的物种灭绝了70%以上。

在中生代最早的地质时代三叠纪，不久后即将进化为哺乳动物、合弓类的幸存者们，包括鳄鱼祖先在内的假鳄类，与恐龙展开了生存竞争。

法索拉鳄

陆生动物，属于三叠纪爬行动物的近亲假鳄类。有的全长可达 10 米，号称三叠纪体型最大的动物。

霸王龙

出现于白垩纪，属于恐龙类中的蜥臀目兽脚类，全长达12米。它拥有超强的咬合力，会将猎物连肉带骨啃咬殆尽。

最后的大规模灭绝以及哺乳动物的兴起

当生物们的势力之争到达高潮之际，又一次大规模灭绝事件在三叠纪末发生了。合弓类也好，假鳄类也罢，都只有一部分生物在劫难中幸存下来，而恐龙却熬过了此次灭绝事件，迎来了它们的大时代。此后中生代霸主的宝座，也落在恐龙的手中……但如各位所知，恐龙在最后的“Big Five”中终究没有逃过大灭绝的宿命。

称霸逾1亿年的恐龙灭绝了。接下来，在中生代韬光养晦的哺乳动物，迎来了它们真正的繁荣。

没有灭绝就没有繁盛，生态系统的进化所以延续至今，与大规模灭绝带来的清零有着巨大的关联。

猛犸

生活在新生代第四纪，属于哺乳动物中的长鼻类象科动物。体高约3.5米，全身覆盖长毛，以此抵御寒冷。

第2章 长出骨骼的古生物

第2章

昆明鱼

[学名] Myllokunmingia

[分类] 鱼类

[时代] 寒武纪

[食物] 有机物

[大小] 约3厘米

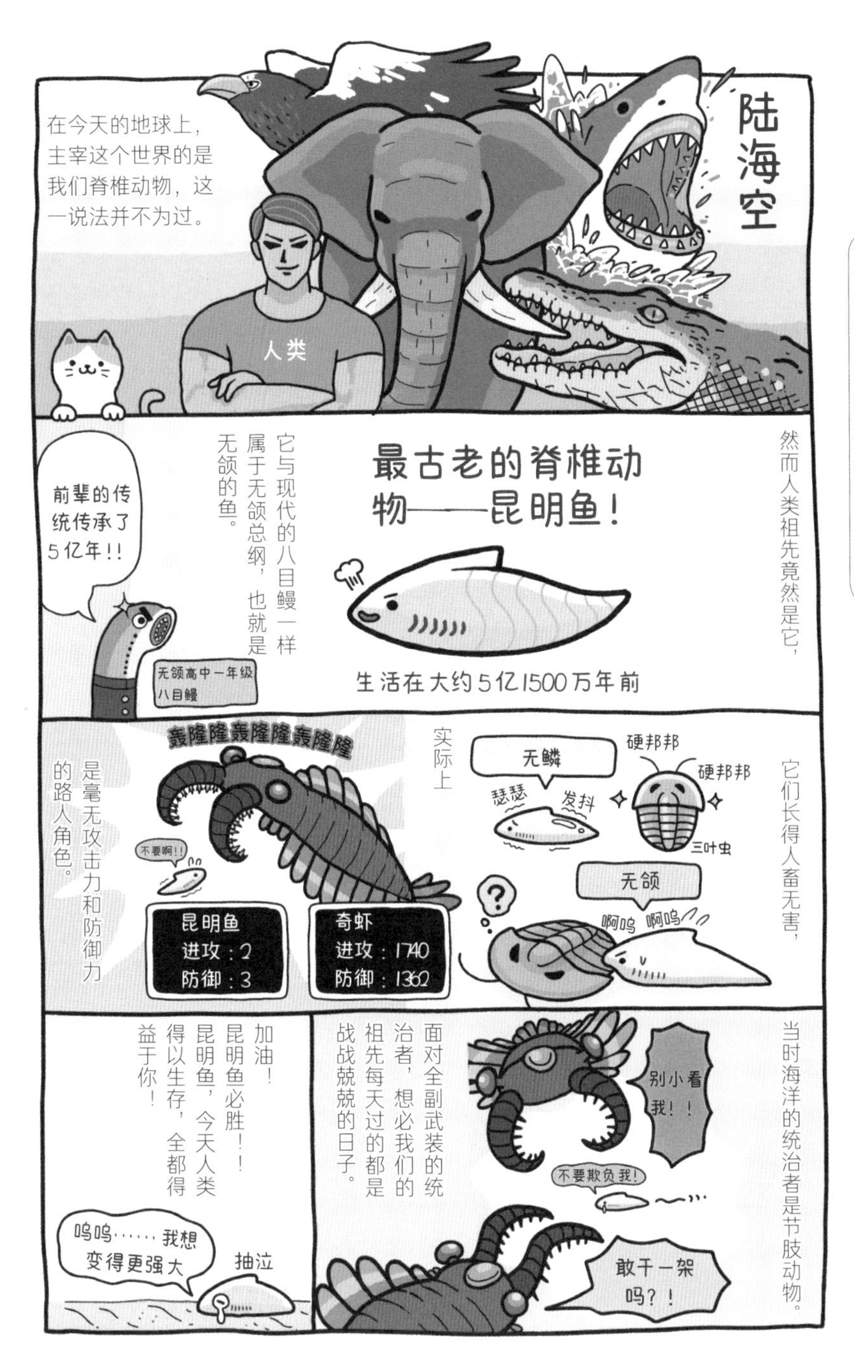

陆海空
在今天的地球上，主宰这个世界的是我们脊椎动物，这一说法并不为过。
人类
第2章
长出骨骼的古生物
然而人类祖先竟然是它，
最古老的脊椎动物——昆明鱼！
生活在大约5亿1500万年前
它与现代的八目鳗一样属于无颌总纲，也就是无颌的鱼。
前辈的传统传承了5亿年！！
无颌高中一年级
八目鳗
它们长得人畜无害，
实际上
无鳞
瑟瑟
发抖
硬邦邦
硬邦邦
三叶虫
无颌
啊呜
啊呜
轰隆隆轰隆隆轰隆隆
不要啊！！
昆明鱼
进攻：2
防御：3
奇虾
进攻：1740
防御：1362
是毫无攻击力和防御力的路人角色。
当时海洋的统治者是节肢动物。
别小看我！！
不要欺负我！
敢干一架吗？！
面对全副武装的统治者，想必我们的祖先每天过的都是战战兢兢的日子。
加油！昆明鱼必胜！！昆明鱼，今天人类得以生存，全都得益于你！
呜呜……我想变得更强大
抽泣

与昆明鱼酷似的鱼类海口鱼（*Hikouichthys*）的化石，也是在同时期发现的。因其化石群内有超过100个化石，人们认为海口鱼是成群结队生活的。也有人指出，昆明鱼与海口鱼属于同一种类。

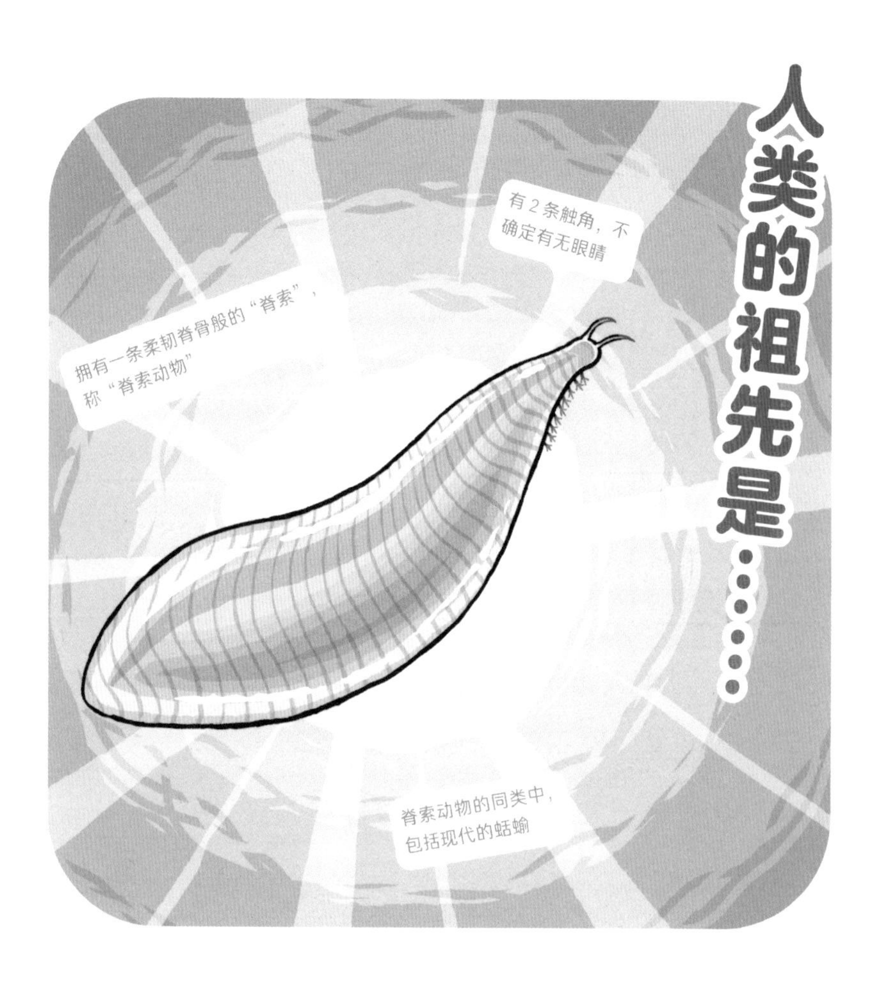
人类的祖先是……
有2条触角，不确定有无眼睛
拥有一条柔韧脊骨般的“脊索”，称“脊索动物”
脊索动物的同类中，包括现代的蛞蝓

皮卡虫

[学名] Pikaia
[分类] 脊索动物
[时代] 寒武纪
[食物] 有机物
[大小] 约6厘米

你们要更尊重我！

嘈杂
嘈杂
喂喂！各位人类！
想必你们都认识我吧？
我怎么看都不像是你们的祖先吧？
我身上的这条“脊索”，
会进化成“脊椎”，我是所有的脊椎动物的祖先——你们是这么听说的吧？
且慢！
是谁？！
最古老的脊椎动物——昆明鱼！
什么？！
论诞生的时间，可是我在前哦！
5亿1500万年前
5亿500万年前
震惊
所以你不是人类的祖先！
嘈杂
嘈杂
追捧 追捧
啊……我的辉煌人生……
随着最古老的脊椎动物昆明鱼的发现，曾经被认证为“人类祖先”的皮卡虫，不得不交出这一头衔，继而盖上“寒武纪的一种脊索动物”的印鉴。
皮卡虫
过去
昆明鱼
人类
现在

有人认为脊索是脊椎的原始骨骼。虽然脊索不坚硬，但也是像脊椎一样支撑身体的棒状结构。若论生活在现代的脊索动物，就有生活在鲸的尸骨周围的深海动物文昌鱼，以及蛞蝓等其他同类。

最早身负鳞片
的老鱼类
覆盖身体前半部分的，是由
骨骼形成的“骨甲”
覆盖身体后半部分
的是鳞片
鱼鳍仅尾鳍 1 枚

亚兰达甲鱼

［学名］ Arandaspis

［分类］ 鱼类

［时代］ 奥陶纪

［食物］ 有机物

［大小］ 约 20 厘米

不认输，
不要死，
这才是最重要的！

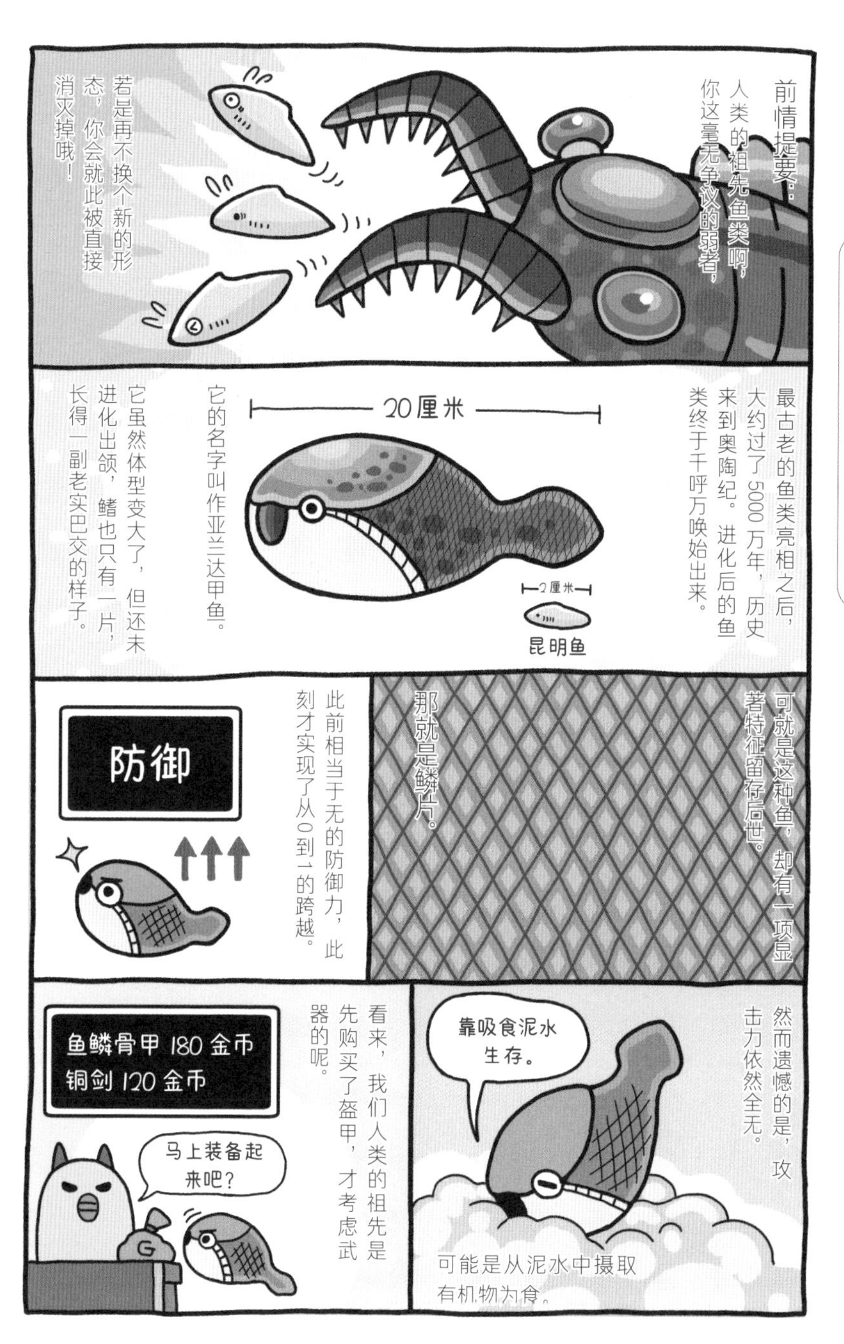
前情提要：
人类的祖先鱼类啊，你这毫无争议的弱者，
若是再不换个新的形态，你会就此被直接消灭掉哦！
最古老的鱼类亮相之后，大约过了5000万年，历史来到奥陶纪。进化后的鱼类终于千呼万唤始出来。
20厘米
2厘米
昆明鱼
它的名字叫作亚兰达甲鱼。
它虽然体型变大了，但还未进化出颌，鳍也只有一片，长得一副老实巴交的样子。
可就是这种鱼，却有一项显著特征留存后世。
那就是鳞片。
此前相当于无的防御力，此刻才实现了从0到1的跨越。
防御
然而遗憾的是，攻击力依然全无。
靠吸食泥水生存。
可能是从泥水中摄取有机物为食。
看来，我们人类的祖先是先购买了盔甲，才考虑武器的呢。
鱼鳞骨甲 180金币
铜剑 120金币
马上装备起来吧？

鳞片的作用是减小水的阻力，因此与无鳞的其他鱼类相比，亚兰达甲鱼游得更快。只是，它全身只有一枚尾鳍，无法在水中掌控自己的身体，因此也有可能无法游得随心所欲。

进化出颌的鱼类
是在湖、河中生活的淡水动物
眼睛大，鼻子小。研究认为其视力可满足捕食的需要
除尾鳍外，其他鳍都变成了刺

棘鱼

[学名] Climatius

[分类] 棘鱼类

[时代] 志留纪

[食物] 肉类

[大小] 约 15 厘米

嘿嘿嘿……肉……我要吃肉……哇呜！

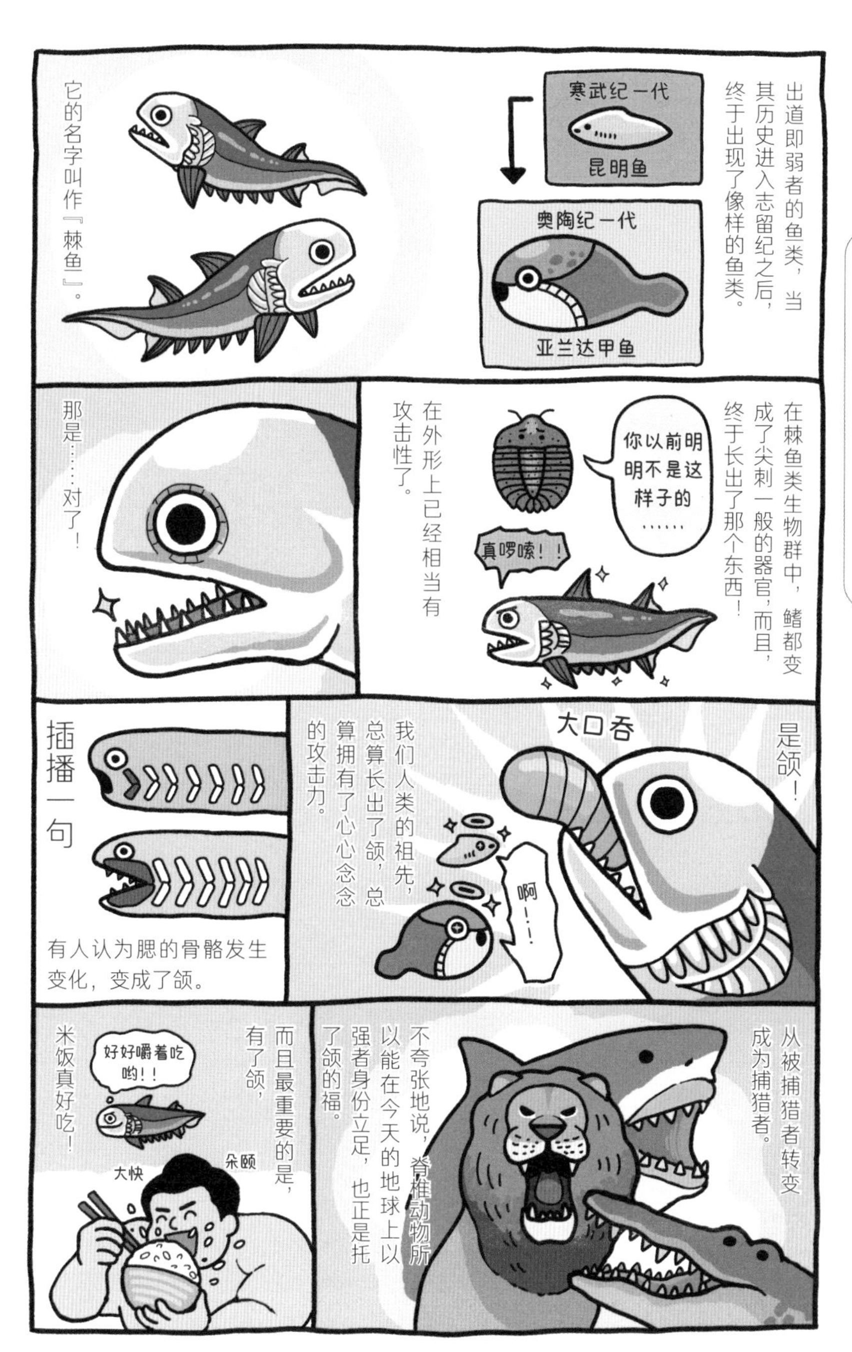
出道即弱者的鱼类，其历史进入志留纪之后，终于出现了像样的鱼类。
寒武纪一代
昆明鱼
奥陶纪一代
亚兰达甲鱼
它的名字叫作『棘鱼』。
在棘鱼类生物群中，鳍都变成了尖刺一般的器官，而且，终于长出了那个东西！
你以前明明不是这样子的……
真啰嗦！！
在外形上已经相当有攻击性了。
那是……对了！
是颌！
大口吞
啊！！
我们人类的祖先，总算长出了颌，总算拥有了心心念念的攻击力。
插播一句
有人认为腮的骨骼发生变化，变成了颌。
从被捕猎者转变成为捕猎者。
不夸张地说，脊椎动物所以能在今天的地球上以强者身份立足，也正是托了颌的福。
而且最重要的是，有了颌，
米饭真好吃！
好好嚼着吃哟！！
大快
朵颐

有人指出，棘鱼类可能识别得出颜色。从石炭纪的地层中发现的棘鱼类棘刺鲉（Acanthodes）的化石，经过研究之后，确认了眼睛的软组织，这个组织就是用来辨识明暗和颜色的。

改变鱼类命运的
超凡魅力创业者
鱼鳍表面分布纹理

安氏鱼

［学名］ Andreolepis

［分类］ 辐鳍鱼纲

［时代］ 志留纪

［食物］ 不明

［大小］ 约 20 厘米

维持现状就是
衰退。

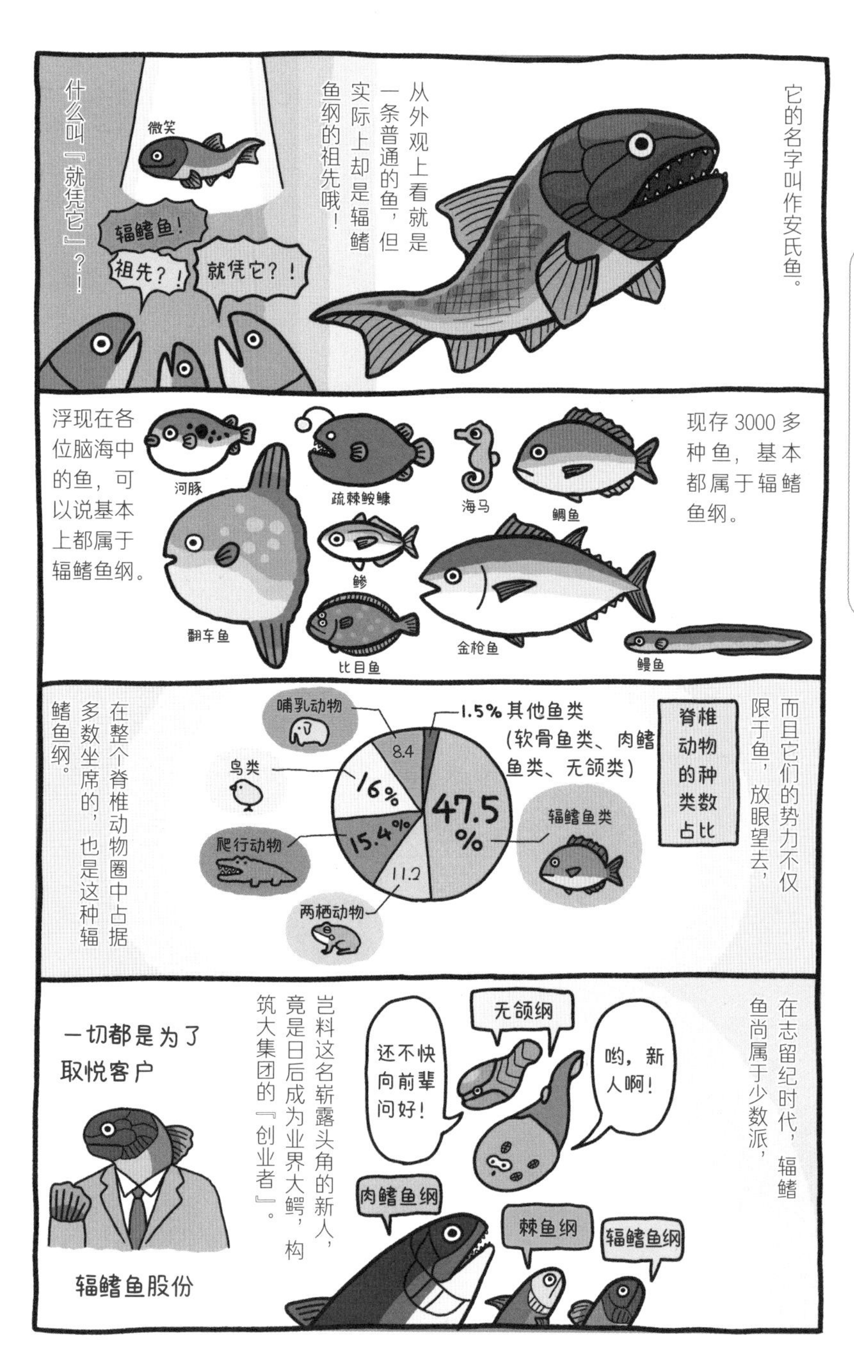
它的名字叫作安氏鱼。
从外观上看就是一条普通的鱼，但实际上却是辐鳍鱼纲的祖先哦！
微笑
辐鳍鱼！
祖先？！
就凭它？！
什么叫『就凭它』？！
现存3000多种鱼，基本都属于辐鳍鱼纲。
浮现在各位脑海中的鱼，可以说基本上都属于辐鳍鱼纲。
河豚
疏棘鮟鱇
海马
鲷鱼
鲹
翻车鱼
比目鱼
金枪鱼
鳗鱼
而且它们的势力不仅限于鱼，放眼望去，
脊椎动物的种类数占比
1.5% 其他鱼类（软骨鱼类、肉鳍鱼类、无颌类）
47.5%
辐鳍鱼类
哺乳动物
8.4
鸟类
16%
爬行动物
15.4%
11.2
两栖动物
在整个脊椎动物圈中占据多数坐席的，也是这种辐鳍鱼纲。
在志留纪时代，辐鳍鱼尚属于少数派，
无颌纲
还不快向前辈问好！
哟，新人啊！
肉鳍鱼纲
棘鱼纲
辐鳍鱼纲
岂料这名崭露头角的新人，竟是日后成为业界大鳄，构筑大集团的『创业者』。
一切都是为了取悦客户
辐鳍鱼股份
第2章 长出骨骼的古生物

生活在地球上的哺乳动物约5500种，而辐鳍鱼纲的数量则是其4倍之多，可达30000多种。现在地球上种类最多的是脊椎动物，辐鳍鱼纲是其中一个生物族群。

初代大明星
在中国云南省发现其化石
细牙、粗牙并排生长
与腔棘鱼、肺鱼等同属于肉鳍鱼类

钝齿宏颌鱼

[学名] Megamastax

[分类] 肉鳍鱼类

[时代] 志留纪

[食物] 肉类

[大小] 约1米

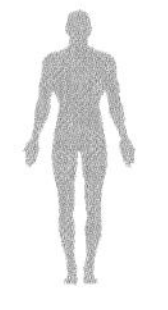

嘎吱嘎吱……咯吱……嘎……

人们以为，长出了颌，成为捕猎者的鱼类，
这家伙真烦人！
敢跟我打一架吗？！
看我不把你吃掉！！
还只是些小萝卜头，尚不足以称其为强者。
然而，2014年发现的巨型鱼却颠覆了这一论点。
钝齿宏颌鱼
它名为钝齿宏颌鱼，体长达1米，在其所处的时代，无疑是名特殊的『巨无霸新人』。
正如其名『宏颌』所示的，它有一张深渊巨口。
钝齿宏颌鱼
口中排列着粗、细不等的牙齿，
长得像鱼的家伙，不可能吃掉我吧（笑）……
板足鲎
是它咀嚼食物以果腹的工具。
大嚼特嚼
闪亮
请把我收在您的门下吧！！
咔嚓
咔嚓
咔嚓
咔嚓咔嚓
咔嚓
那头了个魔吃掉
它把那个魔头吃掉了……
太厉害了！！

第2章 长出骨骼的古生物

在钝齿宏颌鱼的化石中，只发现了一部分颌的化石。该化石长12厘米，从这个尺寸可以推断出，钝齿宏颌鱼全长约1米。钝齿宏颌鱼的名字就有“深渊巨口”之意。

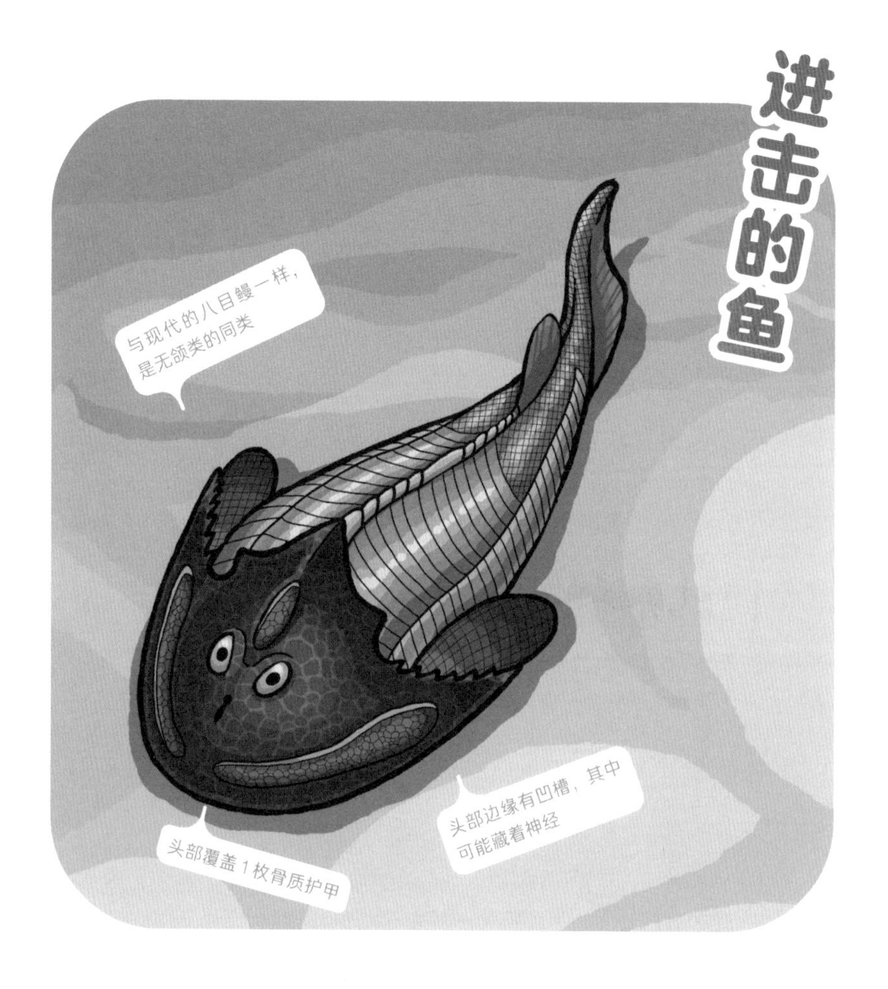
进击的鱼
与现代的八目鳗一样，
是无颌类的同类
头部覆盖1枚骨质护甲
头部边缘有凹槽，其中
可能藏着神经

盾头鱼

[学名] Cephalaspis

[分类] 头甲鱼类

[时代] 泥盆纪

[食物] 有机物

[大小] 约 30 厘米

这势头……感觉
挡不住啊！！

泥盆纪，时代的主宰者终于要易位给鱼类。
哑口无言
你死我活的战国时代就此拉开序幕。
第一个夺取天下的，是这种长得像只拖鞋的鱼——
盾头鱼。
其同类数量至少有214种、60个属，是实力不可小觑的鱼类。
各种盾头鱼的头部
都是在模仿我。
在志留纪，虽然诞生了各种已长出颌的新兴鱼类，
辐鳍鱼纲
棘鱼类
棘鱼
安氏鱼
肉鳍鱼类
钝齿宏颌鱼
到头来没什么用啊，颌之类的……
但盾头鱼仍属于最古老生物族群的无颌类鱼。
和我一样哦。
昆明鱼
大拿老把式的翻红。
厉害了呀！！盾头鱼！
最近的小鬼头都没有毅力啊。
然而势力日薄西山的盾头鱼，在泥盆纪中期逐渐消亡。
奇……奇怪？
而且这也成为了无颌类最后的鼎盛期。
反正我们一辈子都见不得光……
加油！活在当下！无颌类！
八目鳗
黏盲鳗

像盾头鱼一般，头部覆盖坚硬的骨质护甲的生物族群称为“头甲鱼类”。这是个繁盛一时的生物族群，但这种骨质的结构却未必完善。通过对某种头甲鱼类的头部构造加以解析和研究，发现其平衡感很差。

进击的鱼 2
头部与躯干被甲片组成的骨甲覆盖
附肢上也包覆着骨甲
有颌

沟鳞鱼

[学名] Bothriolepis

[分类] 盾皮鱼类

[时代] 泥盆纪

[食物] 有机物

[大小] 数十厘米

全世界都是我的庭院啊！

随着无颌类的消亡，有颌鱼类看到了它们的曙光！
我的天下……
棘鱼类
辐鳍鱼纲
肉鳍鱼类
那么，下一个将要摘得桂冠的鱼类是哪一种呢？
继盾头鱼之后夺取天下的鱼是——沟鳞鱼。
其头、身体、附肢部分覆盖骨甲。
这家伙怎么回事？！
面！！
手！！
现代的“沟鳞鱼”
其形貌与盾头鱼相似，其实却为带颌的新兴势力盾皮鱼类。
咳咳
真的假的？！那个新人！
真傲慢！
开什么玩笑？！
※盾皮鱼类也生活在志留纪，但在当时寂寂无名。
沟鳞鱼的化石，在全世界都有发现。
博斯唐纳汉堡
大老板套餐的顾客。
因此而被称为『进化最成功的盾皮鱼类』。
而且从那之后，在盾皮鱼类中诞生了泥盆纪最强大的王者。

从泥盆纪开始，盾皮鱼类在多样性上超越了其他鱼类，据说其分布区域遍布各地的水域，仅经过确认的盾皮鱼类就达 240 种左右，其中沟鳞鱼全世界最为广布。

爱的回忆
上半身覆盖着骨甲，外表与沟鳞鱼类似

小肢鱼

[学名] Microbrachius

[分类] 盾皮鱼类

[时代] 泥盆纪

[食物] 不明

[大小] 约 10 厘米

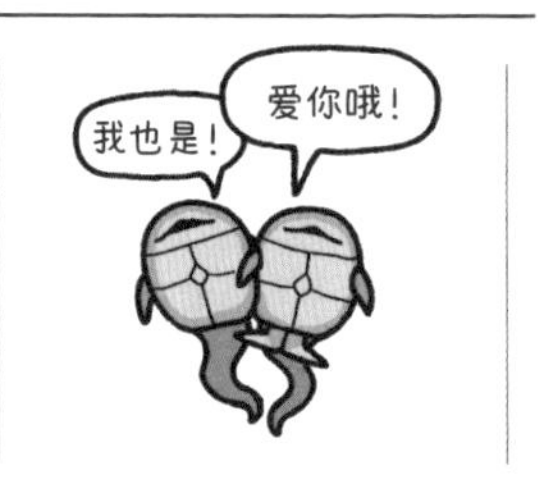
爱你哦！
我也是！

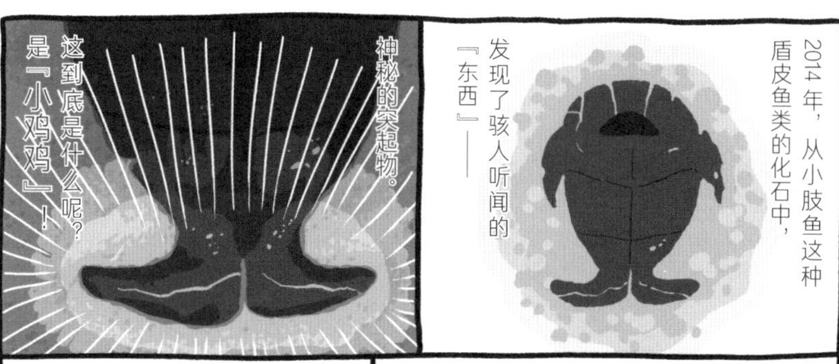
2014年，从小肢鱼这种盾皮鱼类的化石中，
发现了骇人听闻的『东西』——
神秘的突起物。
这到底是什么呢？是『小鸡鸡』！

鱼有『小鸡鸡』？！各位想必会有这样的疑问。

但鲨鱼、鳐鱼的身上是有的。

在专业术语中，鲨鱼、鳐鱼的“小鸡鸡”被称作“交合突”。

有『小鸡鸡』这件事，是通过体内受精方式繁殖的证据。

生了！
交给我了！

几乎所有的鱼都采用“先产卵再受精”的方式体外受精。

脊椎动物的“小鸡鸡”化石，目前以小肢鱼大约3亿8500万年前的化石最为古老。

换言之，这是我们的祖先留存的最古老的爱的回忆。

今天的地球上能够充满爱，
它们是遥远未来的我们。
爱很棒吧？
也是多亏了自远古时代以来那些爱的传承者们。

现代的鲨鱼、鳐鱼交合突，是与腹鳍相连的器官，但小肢鱼的交合突在身体结构上并不与腹鳍相连，而是一种坚硬的骨骼，固定在骨盆上，并不会动。

最古老的母亲
虽属盾皮鱼类，但包覆头部与躯干的骨甲却已退化
它们并非产卵的“卵生”动物，而是待胚胎在腹中长大到一定程度之后再产下，即“胎生”

艾登堡鱼母

[学名] Materpiscis

[分类] 盾皮鱼类

[时代] 泥盆纪

[食物] 肉类

[大小] 约 25 厘米

噢，好乖好乖，我是妈妈哦。

盾皮鱼类是一个已灭绝，今天已不可得见其身影的种族。
解开其真面目之谜的钥匙，就在这艾登堡鱼母身上。
仔细观察这种鱼的化石，会发现如细线般的东西。
背侧
前部
腹侧
实际上这就是脐带。
还发现了疑似胎儿的小鱼化石。
锤头鲨
阔口真鲨
现代鲨鱼中，也有一部分小鲨鱼会带着脐带出生。
脐带的发现，说明幼鱼不是从卵中孵出的，
茁壮成长
嘭
而是从母亲的腹中产下的，即所谓的胎生。
而且，这还是目前为止所发现的，证明胎生的最古老的证据。
噢，好乖好乖。
换言之，艾登堡鱼母是最古老的母亲。
体内受精胎生，
我们永远，
相亲相爱
从这些繁殖方式推测，
盾皮鱼类或许是鲨鱼、鳐鱼的近亲。

艾登堡鱼母这个名字，有“鱼类之母”之意。它的一个特征是，骨甲已退化，但与其他的盾皮鱼类相同，它具有牙齿形状的骨板，但那不是牙齿。

古生代最强的海洋霸主
头胸部的“甲板”部分仅留下化石，身体部分尚未发现
形似牙齿实非牙齿的骨板

邓氏鱼

[学名] Dunkleosteus

[分类] 盾皮鱼类

[时代] 泥盆纪

[食物] 肉类

[大小] 约 8 米

不属于盾皮鱼类的就不是鱼。

统治鱼类时代的是盾皮鱼类之王邓氏鱼。
它是盾皮鱼类家族中最强的，哦不……说它是鱼类世界中的最强者也不为过。
哈哈！
说到最强，它的咬合力可不是闹着玩的。
口部后端
5300N
口部前端
4400N
鳄鱼
4000N
噬人鲨
3100N
狼
1500N
对此，现代的野兽也甘拜下风。
※N：牛顿，力的单位。1N=0.102千克力。
体型之大，在古生代生物中也属顶级。
邓氏鱼
8～10米
我更大！！
虽然几乎都是甲壳
即使如此，在过去……
奇虾1米
属体型巨大的……
锐支鲎2米
房角石
6～11米
有此规格，鱼类帝国王者之名当之无愧。
最强鱼类邓氏鱼的全盛时期昙花一现，它们很快便灭绝了。
最近都见不到那个大家伙了。
多亏了你，最近生活还不错。
有说法认为，擅长游泳的鲨鱼同类的崛起，是造成这一现象的原因。
啊啊啊！拼力气的话，我明明不会输！
※邓氏鱼灭绝的原因众说纷纭。

邓氏鱼的颈部有关节，因此被归类为盾皮鱼类中的节颈鱼类。与邓氏鱼一样的节颈鱼类，它们的口部构造是这样的：只要下颌向下打开，上颌就会自然地抬起，特别是即使不用力也可将嘴张得很开。

原始的鲨鱼
前部背鳍的前边缘
上长着粗刺
胸鳍宽，尾鳍上下对称，这是
与现代鲨鱼类迥异的特征
严格来说，裂口鲨不属于现代的鲨鱼
类，说到底只能算与鲨鱼相似的软骨
鱼类

裂口鲨

［学名］ Cladoselache

［分类］ 软骨鱼类

［时代］ 泥盆纪

［食物］ 肉类

［大小］ 约 2 米

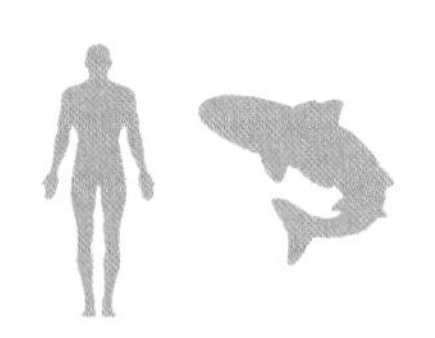

柔软性佳。

盛极必衰，周身包裹甲壳的鱼类灭绝。
取而代之，登顶海洋霸主之位的，是舍弃了防卫本领，同属软骨鱼的鲨鱼。
以柔克刚！
早期鲨鱼的同类中，具有代表性的是这种裂口鲨。
巨大的尾鳍、胸鳍是其一大特征。
或许正是得益于此，它们在当时才能游得飞快。
这个速度能跟上吗？
哇，好快啊！
是怪物吗？
外形上与鲨鱼几乎别无二致，然而实际上与现代的鲨鱼还是略有差别。
嘴长在头部的前端
裂口鲨
常见的鲨鱼
颌不向前伸出
啊呜！
好可怕！
尾鳍上下对称
裂口鲨
常见的鲨鱼
而且，正常鲨鱼该有的那个，它却没有？
『那个』是……
『小鸡鸡』！
只发现了雌性鲨鱼吗？
至此为止，在数百个化石中，连一个『小鸡鸡』都没发现。
难道雄性裂口鲨被误认作其他种类了？
从一开始就没有“小鸡鸡”？
请先把发现的其他信息报告一下。
我的『小鸡鸡』……

现阶段从泥盆纪早期的地层中发现的多里阿鲨，被认为是最古老的软骨鱼类。虽然软骨鱼类是在奥陶纪晚期才出场的生物，但顾其名、思其义，其骨骼柔软，难以作为化石留存，因此准确信息也为数不多。

知识延展 古生物专栏

3

活化石
就在我们的身边

好想看，然而绝对看不到

读过本书，有的读者想必会产生“之前对古生物一无所知的我，开始有点兴趣了！”的想法。不过很遗憾，无论有多么喜欢古生物，都无法见到它们活着的样子。我们这些古生物迷所能做到的，无非是从那些已经变成了石头的尸骸（化石）中，去还原它们往昔的模样……

然而，“类古生物”依然存在于今天的地球上。它们就是被称为“活化石”的生物们。

皱鳃鲨

泥盆纪常见的裂口鲨（见右上图），嘴长在头部的前端。继承了这一形貌特征，存活至今的是皱鳃鲨（见右下图）。

腔棘鱼

布氏米瓜莎鱼（见右上图）等腔棘鱼类已经灭绝。然而，1938 年在非洲东海岸的洋面上发现了矛尾鱼（见右下图），从而证明了还有很多活了很久很久的古生物。

今天看得到的古生物，它们是“活化石”

珍珠鹦鹉螺、中华鲎、海百合、黏盲鳗、腔棘鱼、皱鳃鲨、黑线银鲛等生物，不仅仍然存活于世，其形貌自几亿年前至今未曾改变，这样的生物便是“活化石”。有些古生物会现身水族馆的展示厅，我们便有机会亲眼看到它们。通过目睹“活化石”，任由思绪驰骋在古生代，或许也是种不错的感觉。

除了海洋生物，与我们近在咫尺的地方，也有活化石的存在。若不信，就看看蟑螂吧！自古生代至今，它们始终以不变的形貌生存着，是有着钢铁般意志的“活化石”。如此想来，蟑螂或许也可被视同于那些可爱的古生物，从而略沾些讨喜的色彩。

中华鲎

这是从奥陶纪至今，连续出场从未缺席的“铁人”中华鲎类。现代的种类（见左图），其个头比古生代种类优原穴鲎（见中间）及新月鲎（见下右图）都大。

远古河流的话事人
与4人座的汽车
一般大小
一块鳞片长5厘米，
宽6厘米

含肺鱼

［学名］ Hyneria

［分类］ 肉鳍鱼类

［时代］ 泥盆纪

［食物］ 肉类

［大小］ 约4米

已经无处可逃了哦。

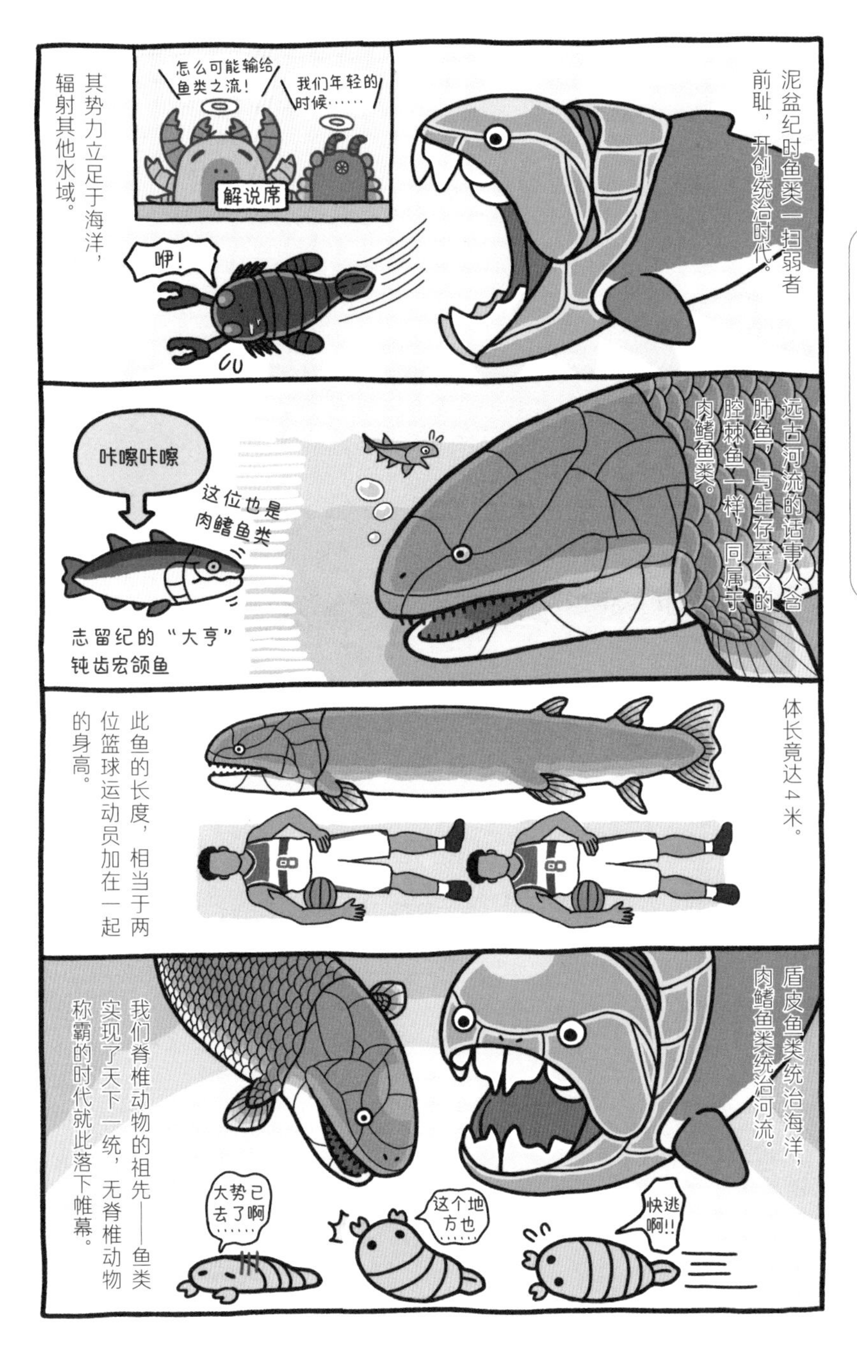
泥盆纪时鱼类一扫弱者前耻，开创统治时代。
怎么可能输给鱼类之流！
我们年轻的时候……
解说席
咿！
其势力立足于海洋，辐射其他水域。
远古河流的话事人含肺鱼，与生存至今的腔棘鱼一样，同属于肉鳍鱼类。
咔嚓咔嚓
这位也是肉鳍鱼类
志留纪的“大亨”钝齿宏颌鱼
体长竟达4米。
此鱼的长度，相当于两位篮球运动员加在一起的身高。
盾皮鱼类统治海洋，肉鳍鱼类统治河流。
快逃啊!!
这个地方也……
大势已去了啊……
我们脊椎动物的祖先——鱼类实现了天下一统，无脊椎动物称霸的时代就此落下帷幕。

有说法认为含肺鱼已长出了原始的肺。肺是负责在空气中呼吸的器官，如果体内有肺的话，当然有可能在浑浊的沼泽或湖泊中生活，而这些氧气稀薄的地方，是其他鱼类无法游动的地方。

有臂的鱼
胸鳍中长着与手臂
构造相同的骨骼
上下对称的尾鳍

真掌鳍鱼

[学名] Eusthenopteron

[分类] 肉鳍鱼类

[时代] 泥盆纪

[食物] 肉类

[大小] 约1米

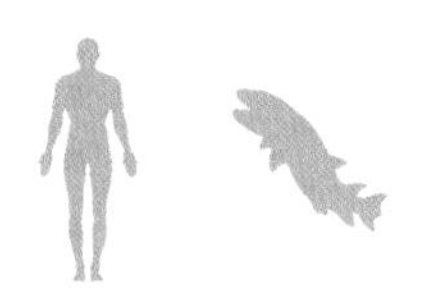

我可是天选
之鱼……

陆地上的脊椎动物，是从鱼类进化而来的！
话虽这么说……
但生活在水中的鱼登上陆地，
就是现在！！
咻啪
这种事是真的吗？
证实鱼类登陆战的，就是这种真掌鳍鱼。
它与钝齿宏颌鱼、含肺鱼一样属于肉鳍鱼类。
真掌鳍鱼的胸鳍上长有骨骼，但千万不要以为，那就只是单纯的骨骼。
胸鳍上的骨骼，实际上与手臂的构造相同。
人类
真掌鳍鱼
肱骨
桡骨
尺骨
而且脊骨还长到了臀鳍的附近。
这是与蝾螈、蜥蜴的尾巴相近的构造。
换言之，虽生活在水中，
我可不是甘心在这种地方终老的鱼！！
但它们已对陆地生活起心动念了。

观察真掌鳍鱼的身体构造，看得出与生活在陆地上的脊椎动物是相似的。虽然如此，真掌鳍鱼的嘴和眼睛却都很小，仍然留着鱼类的模样。

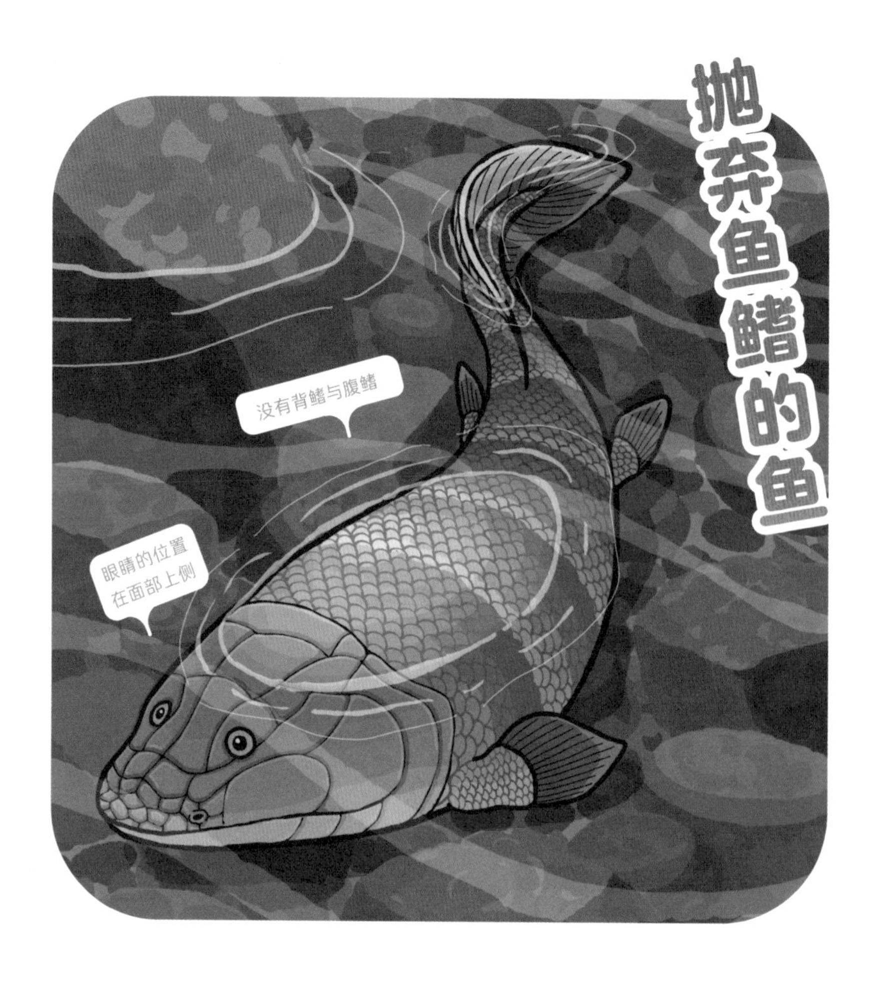
抛弃鱼鳍的鱼
没有背鳍与腹鳍
眼睛的位置
在面部上侧

潘氏鱼

[学名] Panderichthys

[分类] 肉鳍鱼类

[时代] 泥盆纪

[食物] 肉类

[大小] 约1米

首先必须试着
质疑常识。

出现
你好，年轻人！
呜哇……哎……谁？！
等我登上陆地，我一定要夺取天下！
我可是天选之鱼！！
光溜溜
其实我的目标也是陆地。
变天了……
和你一样，都是肉鳍鱼类。
我的名字叫潘氏鱼。
抛弃常识——
这也是一种进化哦。
还是鱼的样子，有背鳍和腹鳍。
在陆地上生活，真的……需要这些吗？
潘氏鱼的胸鳍上也长着手臂一样的骨骼，但不同于真掌鳍鱼的是，其中竟也有明显的手指骨骼。
肱骨
尺骨
桡骨
指骨？！
登上陆地的准备工作稳步进行！
实际上潘氏鱼先一步登上了陆地。
那我先走一步咯。

真掌鳍鱼和即将提及的提塔利克鱼的化石，都是在加拿大发现的。而潘氏鱼的化石是在北欧的拉脱维亚发现的。这些古生物几乎在同一时期出现，并不是直系祖先或子孙的关系。

即将放弃鱼的身份
有腰骨
鱼类身上所没有的颈
胸鳍中有带肩关节、肘关节的手腕

提塔利克鱼

［学名］ Tiktaalik

［分类］ 肉鳍鱼类

［时代］ 泥盆纪

［食物］ 肉类

［大小］ 约 2.7 米

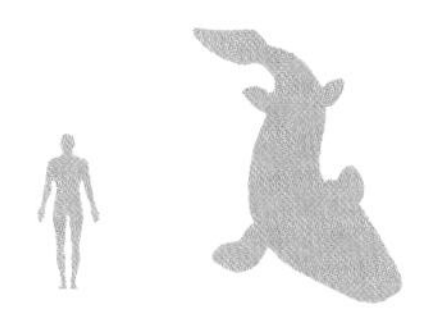

最近肩膀酸痛和腰痛很严重啊！

从潘氏鱼的手中接过接力棒的，
是外形似鳄鱼的肉鳍鱼类提塔利克鱼。
体长2.7米，体型十分巨大，
与乒乓球桌长度相当。
这种鱼身上有手臂，而且还有关节。
有关节这件事嘛……属实！
我能做俯卧撑！！
而且，普通鱼没有的颈、肩、肘，
腰骨
颈
肩
肘
提塔利克鱼都有！
进化至此，再不能简单地称其为鱼了。
哎？你是小提吧？
商量
要不要搭话呢？
暗地
那感觉就如同再看见小学玩伴升入初中之后，不知该不该叫他当年的绰号。
提塔利克鱼拥有鱼类不具备，但四足动物具备的特征，
是掌握鱼类登陆进化证据的重要关系人。
但它还未到彻底登陆的程度。
我就只能到此为止了……

截至2006年报告发表时，提塔利克鱼的下半身化石尚未被发现。但2014年的研究，发现了骨盆与后鳍中的骨骼。后鳍有助于它们移动到浅滩。这一构造让人感觉，它们已向四足动物转变，因而受到瞩目。

已放弃鱼的身份
前肢有 8 趾
后肢趾数不明，猜测有 6 ~ 8 趾

棘螈

[学名] Acanthostega

[分类] 四足动物

[时代] 泥盆纪

[食物] 肉类

[大小] 约 60 厘米

鱼？我跟那种满身腥味的家伙可不一样！

泥盆纪至末期，鱼类登陆有了巨大发展。
我是第一梯队！！
我先走一步了！
我还差一步！
有明显手脚的生物，终于登场了！
最早的四足动物是棘螈。
哎？四足动物？
正是！
没错，四足动物！顾名思义，就是有四肢的动物。
鱼
两栖动物
???
???
此前成员仅限鱼类的脊椎动物群中，终于有新人登场了！
终于登陆了吗？
我有手和脚。
别了，浑身腥气的鱼们！
这家伙，变样了啊！
可是棘螈的脚，关节却很孱弱。
完了！
软！
据说无法在陆地上灵活地行走。
这手脚就不是为在陆地上生活而长出的。
划拉
猜测手脚的作用，就是扒拉落叶。
到底什么时候才能登陆啊？！
什么，那家伙？！
下一节——感人的终曲。

2016 年的研究指出，此前发现的棘螈化石恐怕都是幼体。这显示着，虽然之前的研究结果认为棘螈的手脚不适合在陆地上行走，但也可能因为那些结果都出自对幼体化石的研究。

脊椎动物
终于登陆
前肢的趾数不明，
后肢有 7 趾
有说法认为，尾巴上有鳍，
或许证明其曾生活在水中

鱼石螈

[学名] Ichthyostega

[分类] 四足动物

[时代] 泥盆纪

[食物] 肉类

[大小] 约1米

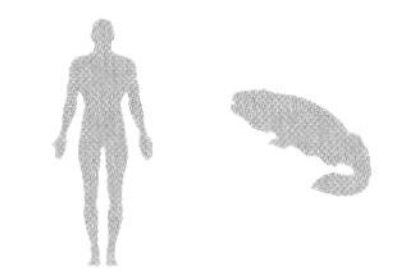

我不想再动啦！

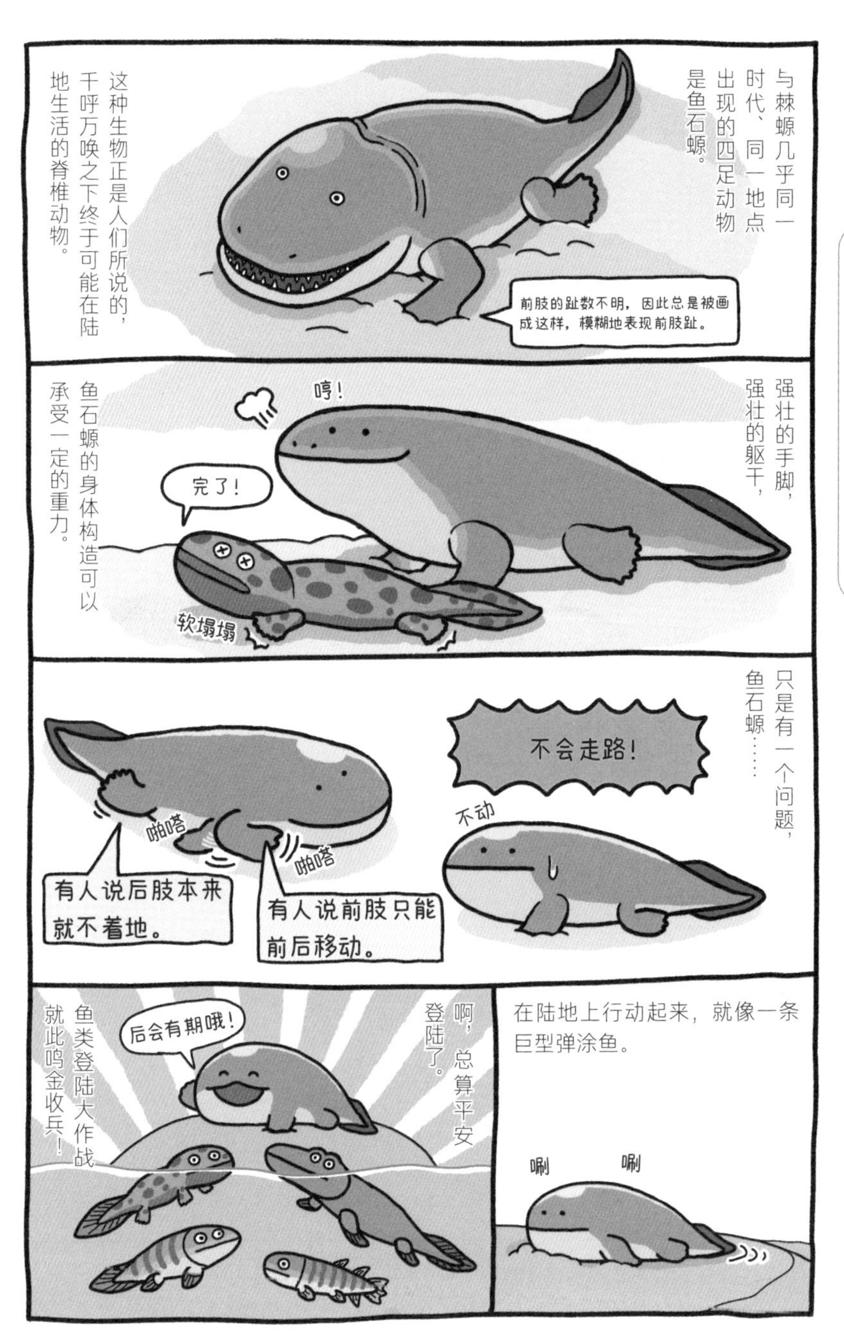
与棘螈几乎同一时代、同一地点出现的四足动物是鱼石螈。
前肢的趾数不明，因此总是被画成这样，模糊地表现前肢趾。
这种生物正是人们所说的，千呼万唤之下终于可能在陆地生活的脊椎动物。
强壮的手脚，强壮的躯干，
哼！
完了！
软塌塌
鱼石螈的身体构造可以承受一定的重力。
只是有一个问题，鱼石螈……
不会走路！
不动
啪嗒
啪嗒
有人说前肢只能前后移动。
有人说后肢本来就不着地。
啊，总算平安登陆了。
后会有期哦！
鱼类登陆大作战就此鸣金收兵！
在陆地上行动起来，就像一条巨型弹涂鱼。
唰
唰

鱼石螈的肋骨宽大，并且紧密重叠。人们认为这有助于支撑身体，保护内脏免受重力的伤害。同时因为肋骨异常结实，而无法像鱼一般左右扭动着身体游泳。

知识延展 古生物专栏

4

神秘的海涂 谜之足迹

早于“登陆先锋”年代的“谜之足迹”

在脊椎动物中，鱼石螈被提名为首个使登陆生活成为可能的动物。

然而，鱼石螈“登陆先锋”的招牌，或许有一天将被摘除。

这么说的原因是，在比鱼石螈生活的年代更早之前，相当于鱼类登陆故事中真掌鳍鱼更早之前的年代的地层中，发现了最古老的足迹化石。

2010年，波兰华沙大学的格热戈日·涅兹维兹基及其同行者，在波兰东南部的圣十字峰北部地区，发现了多个生物个体的足迹。

这就是我们的研究课题“谜之足迹”。

鱼石螈

生活在泥盆纪的四足动物，全长约1米。它拥有坚固紧密的肋骨，因此行动相对不够灵活。

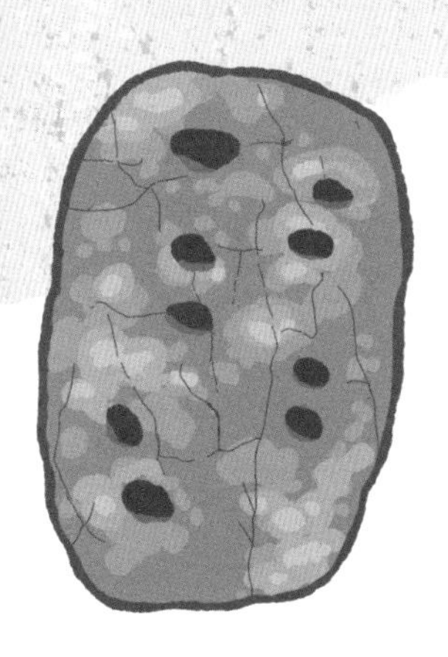

左图为在波兰发现的化石足迹。人们认为，足迹的主人是一边扭动着身体一边行走的。

右图是经过激光扫描，并在电脑上重建过的化石足迹。虽然与左图的化石足迹不是同一个，但它们却在同一地点被发现。很明显，化石中至少留下了5趾的痕迹。

遗留在海涂上的足迹，隐藏着破解谜题的关键

在那些较大的足迹中，有的宽达26厘米，相当可观，甚至连趾的痕迹都清晰可辨。

这些最古老的化石足迹，是在海涂上发现的。与鱼石螈几乎同一时期、同一地点发现的棘螈，虽然我们知道它们生活在淡水河中，但其足迹残留在海涂上这一现象，却预示着它们也可能是从海洋登上陆地的。

然而，被发现的仅仅是足迹，那些动物躯体的化石却仍踪迹未见。

现阶段的情况是线索很少，或许未来有一天，“鱼类登陆故事”将会被大幅度改写。

史上最可怕的鱼鳍
背鳍如同一块密布
细刺的熨衣板
头部也长着
尖刺

阿卡蒙利鲨

[学名] Akmonistion

[分类] 软骨鱼类

[时代] 石炭纪

[食物] 肉类

[大小] 约 60 厘米

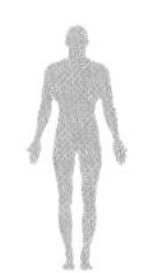

对长相不要太在
意了啦！

泥盆纪终结，石炭纪伊始，曾经不可一世的盾皮鱼类销声匿迹。
鲨鱼的同类（软骨鱼类）开启了大繁荣时代的序幕。
镰鳍鲨
刺突鲛
长吻鲨
让我们来看看，这鲨鱼的时代中较具特色的鲨鱼吧。
体长60厘米左右的阿卡蒙利鲨，
身上特别吸引眼球的是这个部位。
这个
背鳍的前端演变成一个板形，其上密生着小尖刺。
密密麻麻
这就是未来的我吗？
别来碰瓷！
研究表明，只有成年雄性鲨鱼，才拥有这种粗粝的背鳍。
♂
♀
那么它的作用究竟是自卫还是求偶呢？
答案是——完全不清楚！
噗呲
把你干掉！！
噗呲
我好喜欢你！！
呃啊……

阿卡蒙利鲨布满尖刺的背鳍，被认为是雄性鲨鱼独有的特征。那么，雌性鲨鱼的背鳍又是什么样子呢？实际上，人们没有发现雌性鲨鱼的化石，并不清楚阿卡蒙利鲨的两性差别。

集合起来！石炭纪的鲨鱼

石炭纪——鲨鱼时代的来临

当历史闯入石炭纪时，在泥盆纪曾经风头无两的盾皮鱼类销声匿迹，而鲨鱼及其同类的时代就此来到。其中，以身体上生长标志性鱼鳍的阿卡蒙利鲨为首的奇特成员，也值得我们去认识。

镰鳍鲨因两条挨在一起的鲨鱼化石被发现而知名。其中一条长着引人注目的头角，弯成直角形状。长角的是雄鱼，因此人们猜想这两条鱼可能是一对夫妇。名为刺突鲛的鱼类是鲨鱼的亲族，也是只有雄鱼才会长出两条长长的刺。

在成为化石的生物中，如上述示例一般，能够明确辨别雄性与雌性差异的十分稀少。

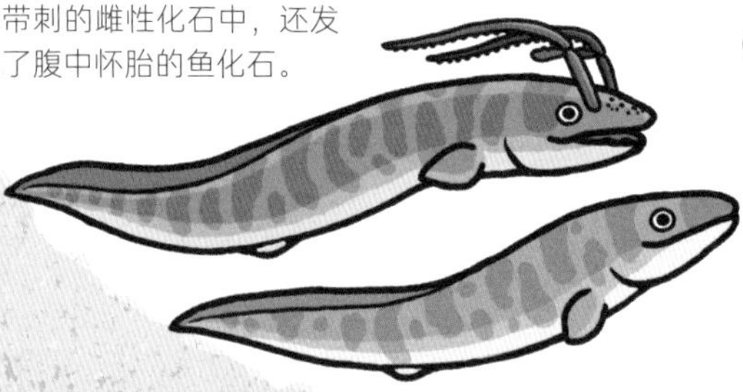

刺突鲛

生活在石炭纪的软骨鱼类，体长约12厘米。在身体上不带刺的雌性化石中，还发现了腹中怀胎的鱼化石。

镰鳍鲨

生活在石炭纪的软骨鱼类，体长约30厘米。研究认为，在雄性中也只有成年鲨头上才会长角。

贝兰特希鲨

生活在石炭纪的软骨鱼类，体长约 60 厘米。口周覆盖较大的鳞片。它会一点点啃食坚硬的食物。

数不胜数的石炭纪鲨鱼

贝兰特希鲨拥有巨大的胸鳍，在鲨鱼的亲族中属于形貌富有个性的一类。它锋利的牙齿可以用来嚼碎猎物，这是鲨鱼的显著特性。

另一种名为长吻鲨的鱼类，10厘米左右的身体上，长鼻子就占了4厘米，长鼻子可能是为了从泥里寻找猎物。随着长吻鲨的成长，它们会将住所从海洋迁至河流，这便是它们的生活习性。

如邓氏鱼一般体型庞大、生性凶猛的盾皮鱼类，其灭绝也只在瞬息之间。由于鲨鱼的亲族相继登场，那些成为它们狙击目标的海洋生物，恐怕也无暇休养生息了吧。

长吻鲨

生活在石炭纪的软骨鱼类，体长 10 厘米。人们认为，当它洄游至河流之后，又会回到海里产卵。

初次的散步
行走时趾尖朝前
后肢至少有 5 根粗大的趾

彼得普斯螈

［学名］ Pederpes
［分类］ 四足动物
［时代］ 石炭纪
［食物］ 肉类
［大小］ 约 1 米

我最爱行走了！

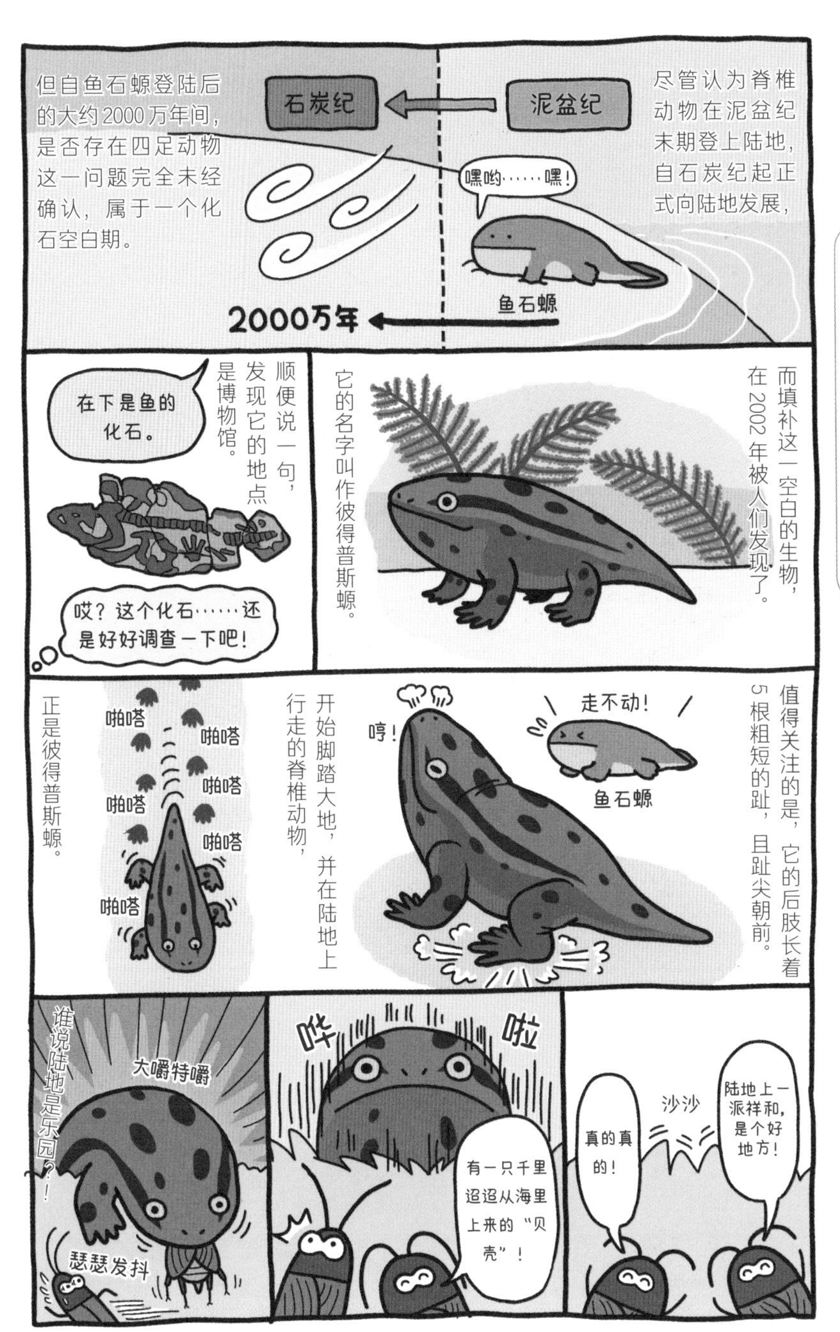

尽管认为脊椎动物在泥盆纪末期登上陆地，自石炭纪起正式向陆地发展，
泥盆纪
石炭纪
但自鱼石螈登陆后的大约2000万年间，是否存在四足动物这一问题完全未经确认，属于一个化石空白期。
嘿哟……嘿！
鱼石螈
2000万年
而填补这一空白的生物，在2002年被人们发现了。
它的名字叫作彼得普斯螈。
顺便说一句，发现它的地点是博物馆。
在下是鱼的化石。
哎？这个化石……还是好好调查一下吧！
值得关注的是，它的后肢长着5根粗短的趾，且趾尖朝前。
走不动！
鱼石螈
哼！
开始脚踏大地，并在陆地上行走的脊椎动物，
啪嗒
啪嗒
啪嗒
啪嗒
啪嗒
啪嗒
正是彼得普斯螈。
陆地上一派祥和，是个好地方！
沙沙
真的真的！
咔
啦
有一只千里迢迢从海里上来的“贝壳”！
大嚼特嚼
谁说陆地是乐园？！
瑟瑟发抖

彼得普斯螈的趾与现代的蜥蜴相同，无名趾最长。多亏了这个特征，它才可能牢牢地踏在地面之上。

回归水中的四足动物
胸鳍中的骨骼，与手臂的构造相同

厚蛙螈

[学名] Crassigyrinus

[分类] 四足动物

[时代] 石炭纪

[食物] 肉类

[大小] 约 2 米

我要回报家乡！！

外观如同蠕纹裸胸鳝一般的四足动物厚蛙螈，
体型大得出乎意料，体长约2米。
长得像64位《超级马某奥》游戏中的怪物似的。
因其手脚过于短小，
人们认为它的一生是在水中度过的。
划
划
这副手脚是用来做什么的呢？
?
实际上，这是陆地生活的残余。
换言之，它原本是作为一条鱼，一直生活在水中的，
鱼向陆地迁出户口
好艰苦，我喜欢水里。
后来变成四足动物，移民到陆地。
再后来又返回了旧居地——水中，这就是它的迁移历程。
四足动物回归水中
这种回归水中的进化过程，
现代的鲸也同样走了一遭。
鲸的祖先巴基鲸
再往前回溯就是鱼
或许有一天，我们人类也会回归水中。
话说，我们以前也好像生活在陆地上哦。
真的？在那种地方生活，不得干掉吗？

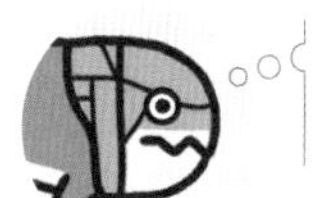

厚蛙螈的口中排列着锋利的獠牙。形似牙齿般大而锋利的獠牙，左右各长有5根。从这种齿列构造可以推断，厚蛙螈在水中是凶猛的捕猎者。

形貌酷似蛇，
却比蛇更古老的家伙
未发现完整的化石，
因此全长不明
头大 3 厘米

遗忘小螈

[学名] Lethiscus

[分类] 两栖动物

[时代] 石炭纪

[食物] 不明

[大小] 头大约 3 厘米
（全身大小不明）

要尊敬年长的人啊！

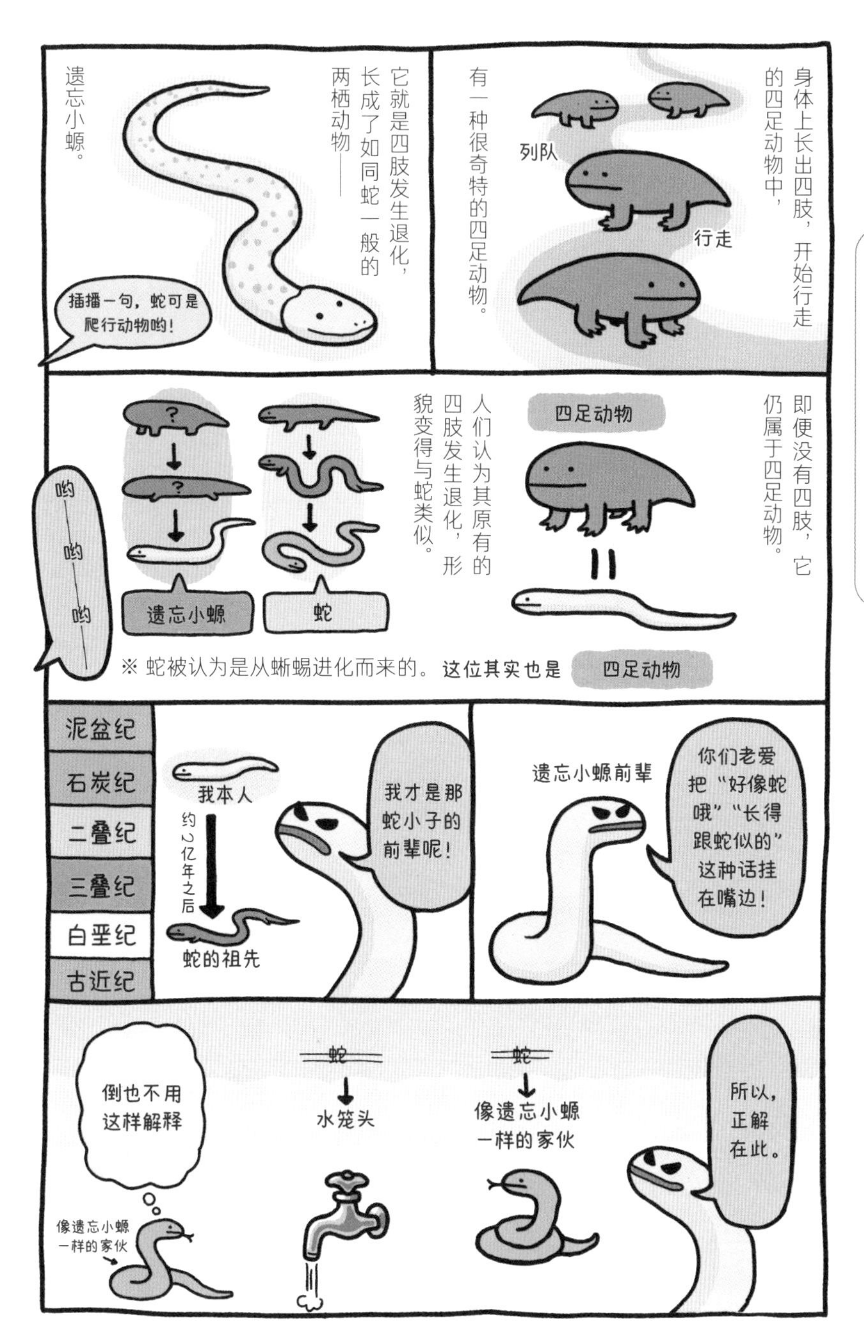
身体上长出四肢，开始行走的四足动物中，
列队
行走
有一种很奇特的四足动物。
它就是四肢发生退化，长成了如同蛇一般的两栖动物——
遗忘小螈。
插播一句，蛇可是爬行动物哟！
即便没有四肢，它仍属于四足动物。
四足动物
人们认为其原有的四肢发生退化，形貌变得与蛇类似。
遗忘小螈
蛇
哟—哟—哟
※蛇被认为是从蜥蜴进化而来的。这位其实也是 四足动物
泥盆纪
石炭纪
二叠纪
三叠纪
白垩纪
古近纪
我本人
约2亿年之后
蛇的祖先
我才是那蛇小子的前辈呢！
遗忘小螈前辈
你们老爱把"好像蛇哦""长得跟蛇似的"这种话挂在嘴边！
所以，正解在此。
蛇 → 水笼头
蛇 → 像遗忘小螈一样的家伙
倒也不用这样解释
像遗忘小螈一样的家伙

像遗忘小螈这样，源自不同生物族群的生物，进化出相似的形态特征或构造的现象称为"趋同进化"。现代的蚓螈也与遗忘小螈一样，是手足退化的两栖动物（形态相似，但源自不同的祖先）。

头变成了飞镖？！
头部和身体扁平得出奇
形似飞镖的头部，宽达 40 厘米

笠头螈

[学名] Diplocaulus

[分类] 两栖动物

[时代] 二叠纪

[食物] 肉类

[大小] 约1米

我以“面子大”为荣！

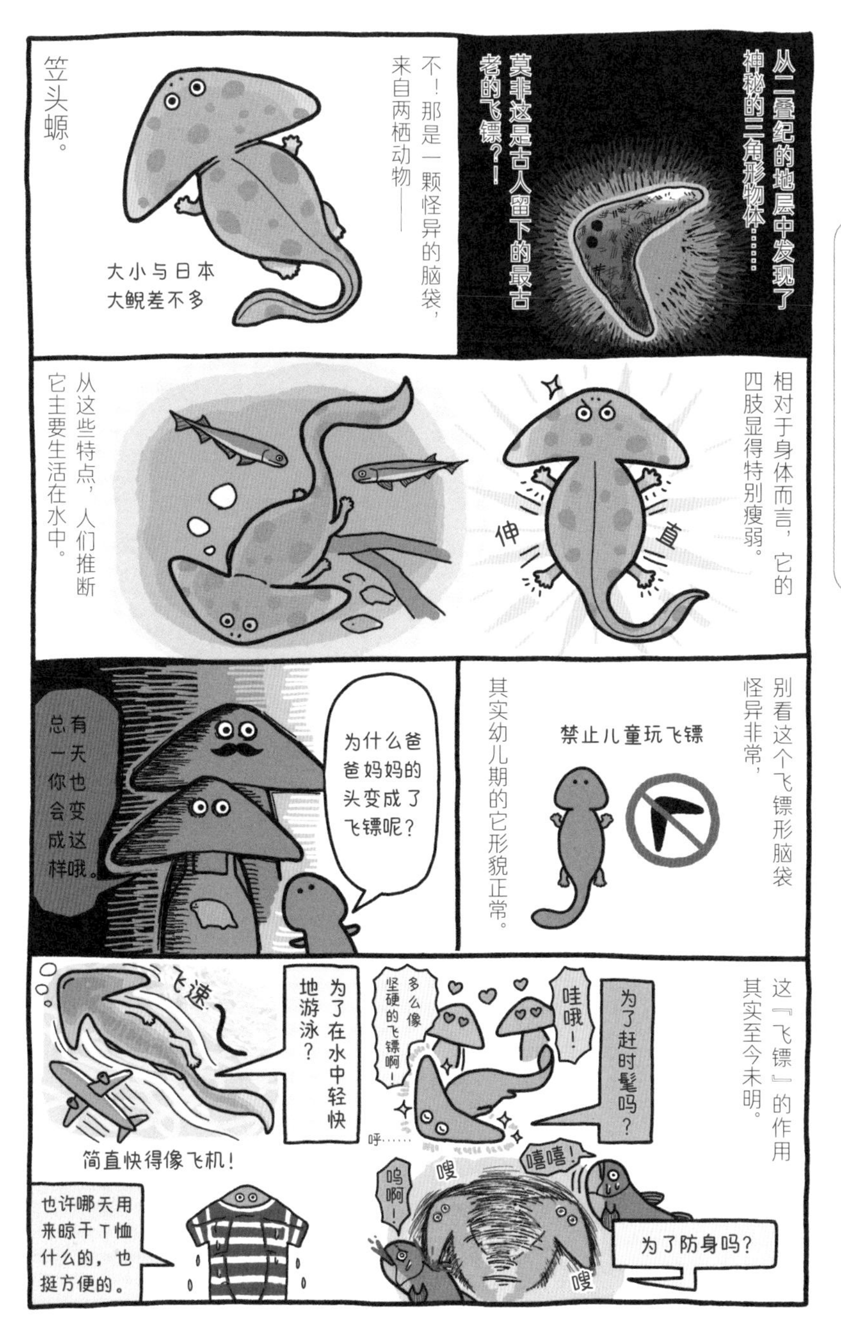

从二叠纪的地层中发现了神秘的三角形物体……
莫非这是古人留下的最古老的飞镖？！
不！那是一颗怪异的脑袋，来自两栖动物——
笠头螈。
大小与日本大鲵差不多
相对于身体而言，它的四肢显得特别瘦弱。
伸
直
从这些特点，人们推断它主要生活在水中。
别看这个飞镖形脑袋怪异非常，
其实幼儿期的它形貌正常。
禁止儿童玩飞镖
为什么爸爸妈妈的头变成了飞镖呢？
总有一天你也会变成这样哦。
这『飞镖』的作用其实至今未明。
为了赶时髦吗？
哇哦！
多么像坚硬的飞镖啊！
呼……
为了在水中轻快地游泳？
飞速
简直快得像飞机！
嘻嘻！
嗖
呜啊！
嗖
为了防身吗？
也许哪天用来晾干T恤什么的，也挺方便的。

笠头螈身体扁也是其一大特征。发现其化石的地点，人们认为那里曾经是水流湍急的河流，而它扁平的身体构造，正是为了便于在那样的环境中活动而形成的。

最古老的，以植物为食的
陆生脊椎动物
不吃肉

阔齿龙

[学名] Diadectes
[分类] 两栖动物
[时代] 石炭纪
[食物] 植物
[大小] 约3米

已经吃不下
了……

全长约3米，体型庞大的两栖动物阔齿龙，
在陆生脊椎动物中，它是最古老的、鼻祖级素食主义者。
阔齿龙的牙齿为食用植物而生，
像铅笔一样的牙齿，
也像钉耙一样用来吃东西。
咔嚓
有观点认为，在它庞大的身体中塞满长长的肠子，用来消化植物。
密密麻麻
※ 据说牛的肠子最长约60米。
石炭纪是陆地植物大繁盛，形成繁茂大森林的时代。
森林的化石形成煤炭，被现代人大量开采。这也是该地质年代被命名为石炭纪的原因。
对于以阔齿龙为首的，以植物为食的动物而言，若没有强大的肉食动物存在，
吃不完，无论怎么吃都吃不完！
大口嚼
和平最重要！
嚼嚼
石炭纪这一地质年代，一定会是它们放开肚皮随便吃的乐园。

两栖动物的特征，以及爬行动物的特征，在阔齿龙身上都得以确认。现代虽然将其归类于两栖动物，但这种分类只不过是暂时的权宜之计，实际并未准确界定。阔齿龙的化石是在非洲西部与印度发现的。

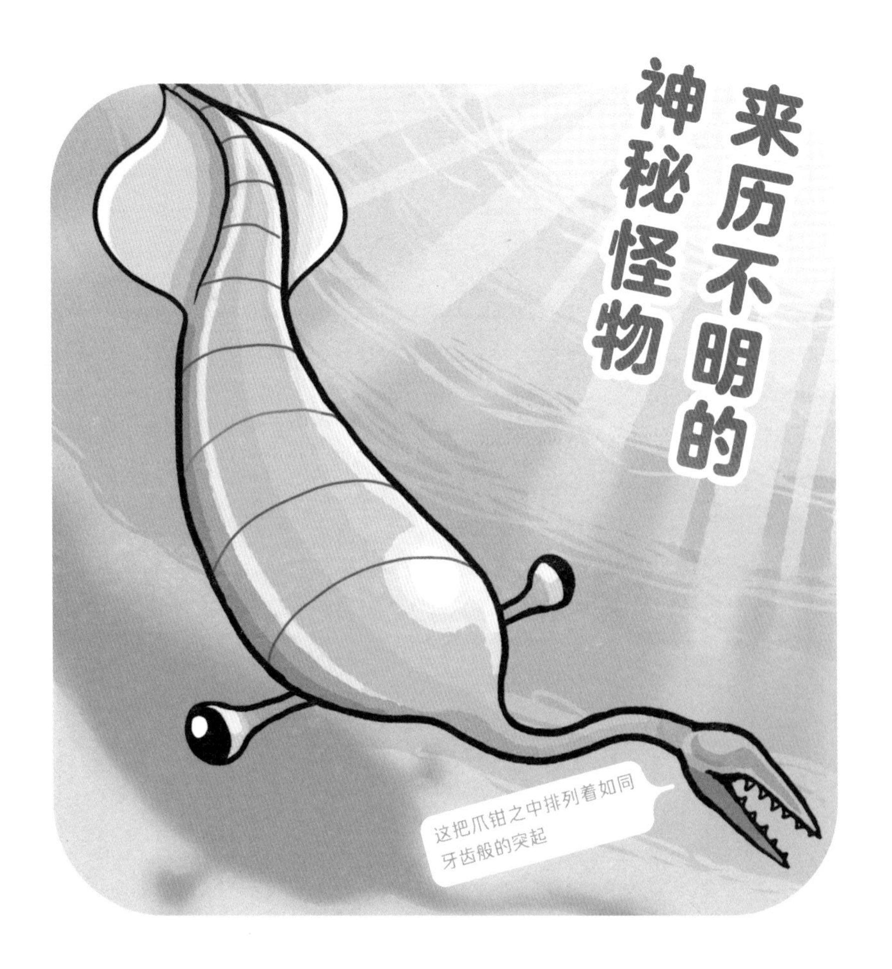
来历不明的
神秘怪物
这把爪钳之中排列着如同
牙齿般的突起

塔利怪物

[学名] Tullimonstrum

[分类] 不明

[时代] 石炭纪

[食物] 不明

[大小] 约 40 厘米

我有那么奇
怪吗？

这个生物界典型的怪家伙，
俗称
塔利怪物
鳍
爪钳
眼柄
这家伙是什么东西啊？！长得真奇怪！！
从形貌上看，简直是用乌贼和螃蟹强行组合而成的。
成了！！！
咔咔咔咔咔咔咔咔
快停下！！！
砰——
这就是我的样子？
呵……不错！
生态不明，而且，连分类也不明。
章鱼？
乌贼？
虾？
螃蟹？
鲆鱼？
自被发现之后50年间，一直未曾查明其来历。
你小子越界了……
呃啊？！
知道太多就是这个下场！
但在2016年却发布了重磅消息。
从化石中发现了脊索、腮、软骨！！
这些都是无颌类的特征……
换言之！！塔利怪物是类似八目鳗那样的"鱼"！
原本以为，对于塔利怪物的来历，终于有了明确结论，笼罩着它的谜团终于被解开了！
基于鱼类说所绘的复原图
八目鳗
却有另一种声音，否定了鱼类说。
在那个地方发现的化石，无论属于哪种生物，都保留了脊索、脊椎哟。
结果……莫非是看错了？
结果是，解开的谜团重又变回了谜团。
嘿嘿嘿嘿嘿……
这个谜团，新生代的猴子们能解开吗？
塔利怪物
Tullimonstrum

虽然塔利怪物周身是谜，但被发现的化石却不少。在化石产地美国伊利诺伊州，塔利怪物的化石因数量之多甚至被认证为“州化石”。

爬行动物登场
此树名为“封印木”
大小约为30厘米，形貌酷似现代的蜥蜴

林蜥

[学名] Hylonomus
[分类] 爬行动物
[时代] 石炭纪
[食物] 昆虫
[大小] 约30厘米

为什么我又待在这棵树上？

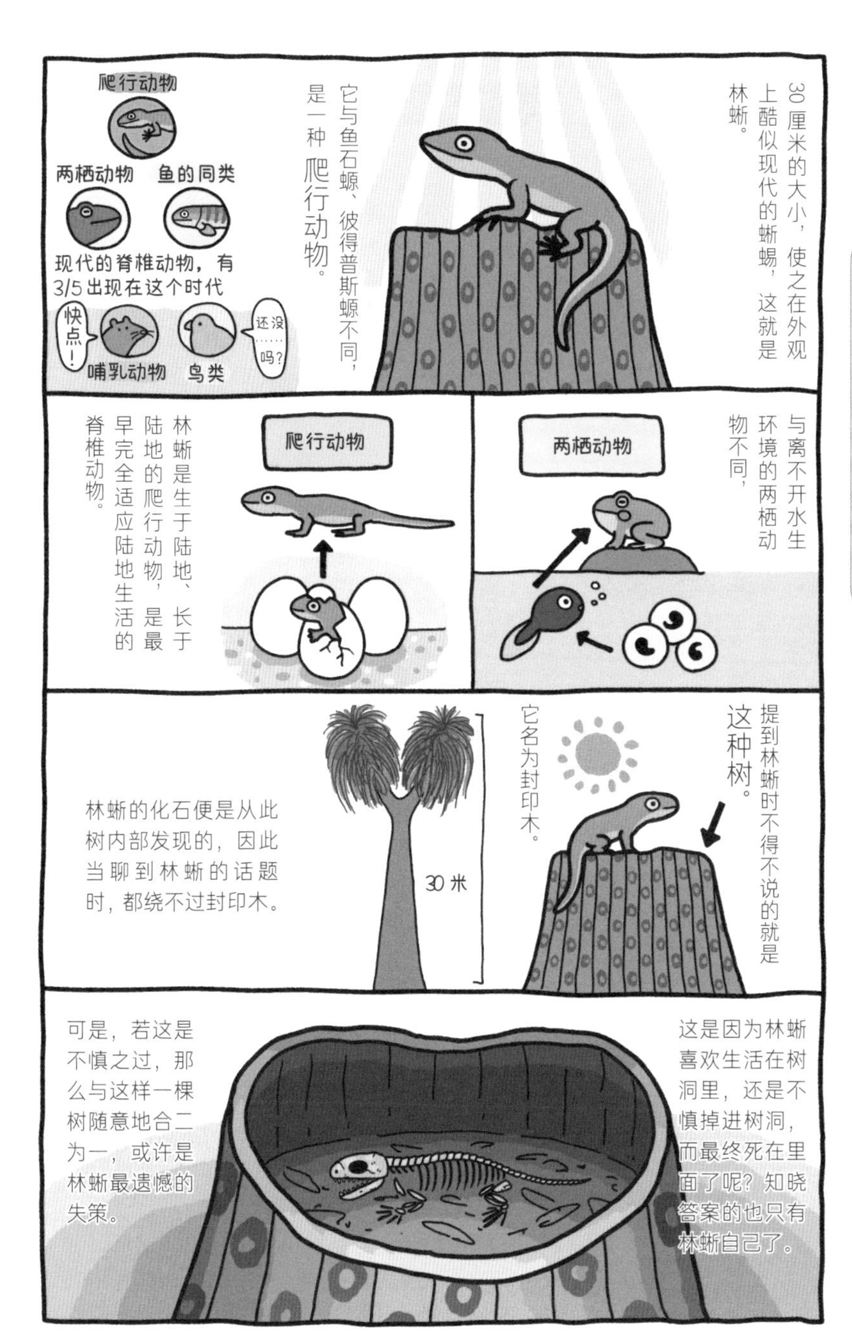
30厘米的大小，使之在外观上酷似现代的蜥蜴，这就是林蜥。
它与鱼石螈、彼得普斯螈不同，是一种爬行动物。
爬行动物
两栖动物
鱼的同类
现代的脊椎动物，有3/5出现在这个时代
快点！
哺乳动物
鸟类
还没……吗？
与离不开水生环境的两栖动物不同，
两栖动物
林蜥是生于陆地、长于陆地的爬行动物，是最早完全适应陆地生活的脊椎动物。
爬行动物
提到林蜥时不得不说的就是这种树。
它名为封印木。
30米
林蜥的化石便是从此树内部发现的，因此当聊到林蜥的话题时，都绕不过封印木。
这是因为林蜥喜欢生活在树洞里，还是不慎掉进树洞，而最终死在里面了呢？知晓答案的也只有林蜥自己了。
可是，若这是不慎之过，那么与这样一棵树随意地合二为一，或许是林蜥最遗憾的失策。

林蜥身上从头部往后的骨骼，其特征与爬行动物骨骼的特征一致。因此，人们才将林蜥归类为爬行动物。封印木据说是一种内部容易腐烂的植物，内部腐烂形成空洞，林蜥或许正是因此才钻入其中的。

植物也是古生物

起初是光秃秃的荒野

地球上的生物诞生之初，陆地上几乎是一片荒野。虽然在奥陶纪有生长在水边的植物，但其形貌却不清楚。

出现形态清晰可辨的植物，是进入志留纪之后，有一种最古老的陆地植物名为顶囊蕨。然而，虽说它是陆地植物，但因为不耐干燥，而无法离开水边环境。

来到泥盆纪之后，植物实现了大规模进化，大举进军陆地。植物体内长出维管束组织，能够在体内储存水分，并支撑其在陆地上生活。这一时期，还出现了最早拥有维管的植物莱尼蕨，以及拥有维管并生长叶子的星木。

星木

泥盆纪的石松纲植物，高 40 厘米，茎的直径在 1.2 厘米左右。如同鱼类遍覆鱼鳞一般，星木的茎的表面也长着小小的叶片。

顶囊蕨

志留纪的蕨类植物，高数厘米。在末级分枝顶端长着孢子囊，其内部藏有孢子，以此来繁殖。

到了泥盆纪中期，一种名为古羊齿，可长至12米高的树木闪亮登场。森林终于开始成型，植物们在石炭纪迎来了大繁盛。

石炭纪出场的植物中有3种较为知名，它们是鳞木、封印木、芦木，每一种都是高过10米的大树，鳞木甚至能高过40米。这些参天大树遍布了石炭纪的大地。

后来，这些植物变成了化石——煤炭。从这个年代的地层中，人们发现了大量煤炭，因此将其命名为石炭纪。那些远古的植物们一定不会想到，有一天自己的化石竟然会变成燃料，进而为人类的工业发展做出贡献。

鳞木

石炭纪的蕨类植物，高达40米，树干粗达2米。树干外观似鱼鳞排列，因此被命名为“鳞木”。

史上最强的
两栖动物
强壮的身体
锋利的牙齿

引螈

［学名］ Eryops

［分类］ 两栖动物

［时代］ 二叠纪

［食物］ 肉类

［大小］ 约 2.5 米

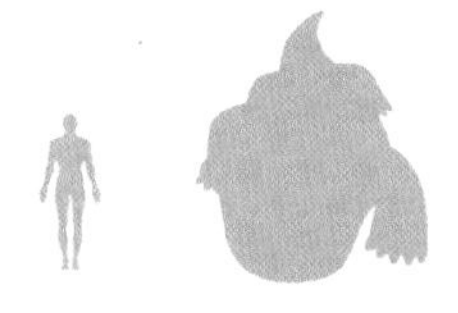

不听话我就吃掉你！

第2章
长出骨骼的古生物
史上最强的两栖动物——引螈，
是身长达2.5米的大型两栖动物。
我们也是两栖动物。
青蛙
竟还有这么厉害的家伙！！
蜥蜴
哼！只不过是体型大了点嘛！
中国大鲵
骨骼也已变得很强壮！
引螈
什么？不是吧~
中国大鲵
诚如各位所见，即使与现代最大的两栖动物中国大鲵相比，其体量也呈碾压之势。
腰腿粗壮，可以在陆地上到处行走。
气势
汹汹
结实的下颌，排列着密密麻麻的锋利牙齿。
结实
密密麻麻
那是捕猎鱼类的绝好工具。
身为两栖动物的它，简直是像鳄鱼一样令人生畏的家伙。
鳄鱼是爬行动物哟！
顺带说一句，鳄鱼的祖先出现在距彼时1亿年之后。从这一点上说，引螈是领先时代的怪物。
像鳄鱼一样？我才不在乎呢！
我是独一份儿！

除了长在口腔边缘的牙齿，引螈的口腔内还密密麻麻排列着上颚齿。有了这两种牙齿，即便是身体滑溜溜的鱼也可以捕获，并送入口腔深处。

预示着进化形
貌的两栖动物
“蛙蝾”这个名称意为
“蛙类的前辈”
头长得像蛙
足长得像蜥蜴
尾巴短小

蛙蝾

［学名］ Gerobatrachus

［分类］ 两栖动物

［时代］ 二叠纪

［食物］ 昆虫

［大小］ 约 11 厘米

我真想活得长长
久久啊！

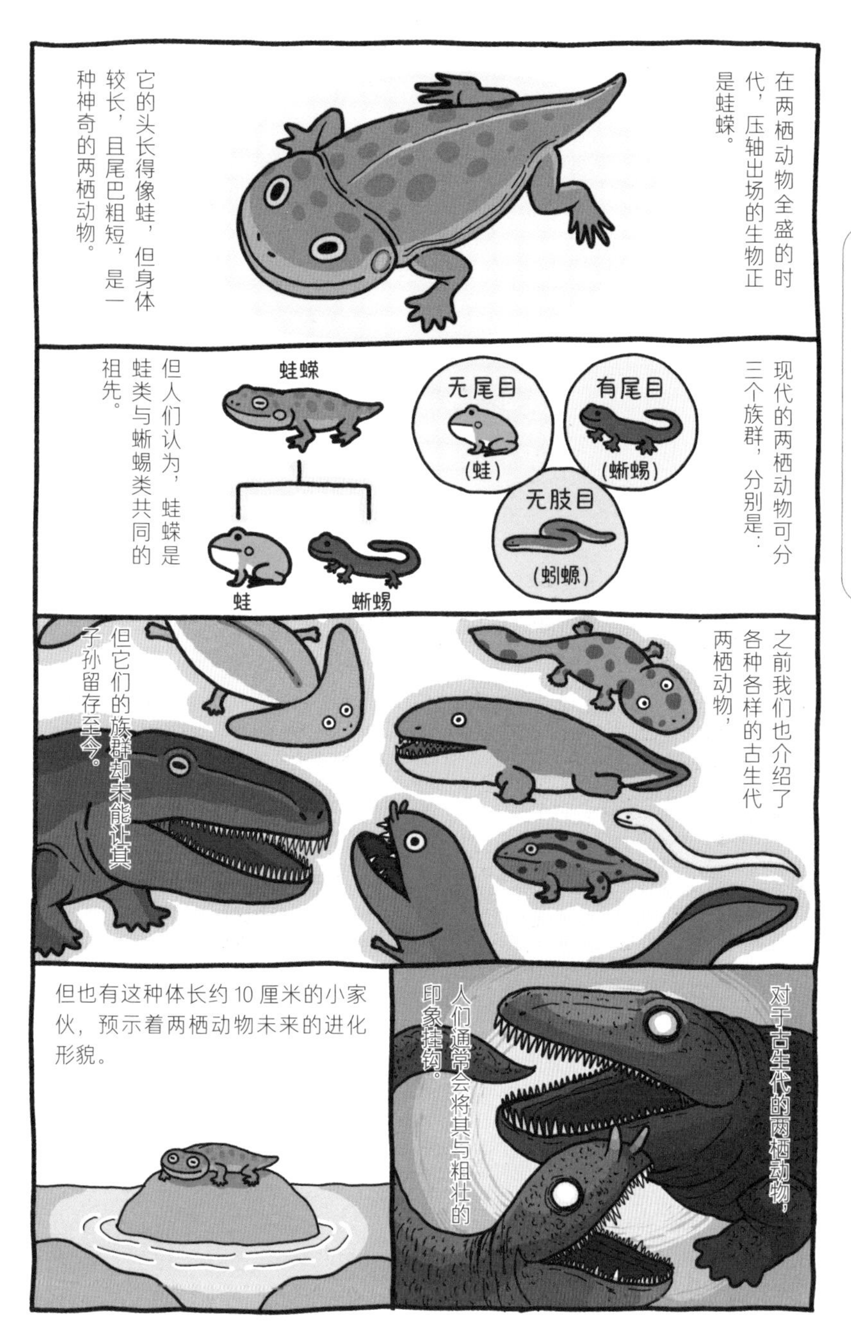
在两栖动物全盛的时代，压轴出场的生物正是蛙螈。
它的头长得像蛙，但身体较长，且尾巴粗短，是一种神奇的两栖动物。
现代的两栖动物可分三个族群，分别是：
有尾目
（蜥蜴）
无尾目
（蛙）
无肢目
（蚓螈）
蛙螈
蛙
蜥蜴
但人们认为，蛙螈是蛙类与蜥蜴类共同的祖先。
之前我们也介绍了各种各样的古生代两栖动物，
但它们的族群却未能让其子孙留存至今。
对于古生代的两栖动物，人们通常会将其与粗壮的印象挂钩。
但也有这种体长约10厘米的小家伙，预示着两栖动物未来的进化形貌。

蛙螈的头骨形状与蛙类相似，肢的构造则与蜥蜴的同类相似，而脊骨的数量介于蛙类与蜥蜴类之间。它无法像蛙类那样弹跳，据猜测捕捉猎物时是直冲上去出击的。

爬行动物回归水中
生活在湖水、池沼等淡水中
嘴里长满又细又锋利的牙齿
手脚已变化为鳍状

中龙

[学名] Mesosaurus

[分类] 爬行动物

[时代] 二叠纪

[食物] 肉类（节肢动物或鱼）

[大小] 约1米

动不动就哭
可不行哦！

二叠纪的代表性爬行动物中龙，
是一种水生爬行动物，生活在湖水或池沼中。
我要回报家乡！！
与厚蛙螈一样，都是回归水中的生物。

人们发现了中龙胚胎的化石，推测全长15厘米。
中龙胚胎的化石
中龙被认为是最古老的胎生的爬行动物。
※ 产卵的可能性也有，发育到可以立即孵化出来的程度时被产下。

与其后时代中出现的水生爬行动物一样，采用的是同一套生育系统。
鱼龙
乔开科鱼龙
蛇颈龙
双臼椎龙

无论中龙是否生活在淡水中，
人们在非洲大陆与南美大陆都
发现了其化石。
中龙身上还有更吸引人的话题，
那就是化石的产地。

从该现象可以推测，当时的非洲大陆与南美大陆是连在一起的。
北美
欧洲
南美
非洲
澳大利亚
南极
泛大陆
而这也成为大陆漂移说的证据，证明大陆是在漂移着的。
我以为我学的是古生物，不知什么时候学起地质学来了。

人们从发现的中龙胚胎化石中，确认了其牙齿的构造，可以看出胚胎已经相当大了。以此为证据，可以证明其像哺乳动物一样是胎生的，或是在卵内发育，待胚胎长大后再由母体产下。

柔软而活动自如的尾巴。研究认为，它们飞翔时通过摆动尾巴保持身体平衡
爬行动物飞向天空
折叠式的双翼

始虚骨龙

［学名］ Coelurosauravus

［分类］ 爬行动物

［时代］ 二叠纪

［食物］ 昆虫

［大小］ 约 60 厘米

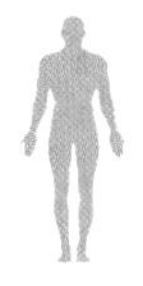

咻——

始虚骨龙这种爬行动物会灵活运用长在后脑部的刺。
而它不是一种简单的爬行动物，它竟然还有翼。
利用这对翼，它可以像鼯鼠一般在空中滑翔。
哟吼——
始虚骨龙是脊椎动物中首个能够飞翔的动物，堪比动物界的莱特兄弟。
在生物史上，我们昆虫可是排头兵。
而且这对翼中还有大奥妙。研究认为，始虚骨龙的翼，是在向外较合的肋骨之间形成的一对皮质翼。
肋骨
脊椎骨
※ 生活在现代的飞蜥构造
然而通常一节脊椎骨两侧各有一根肋骨。
1
1
1
始虚骨龙的脊椎骨从胸至腰虽然有13根，
但翼的骨骼至少左右各有22根。
13
22
22
脊椎骨
???
换言之，使始虚骨龙在空中飞行的不是肋骨，
而是正常情况下不可能有的神秘骨骼。
只要能飞，管它是什么呢！

在始虚骨龙之后的年代，也出现过能够飞上天的爬行动物，但具有始虚骨龙那样的骨骼构造的动物，却再未进入过人们的视野。另有说法认为，这对翼不仅可以帮助始虚骨龙飞行，还可以加大接受日照的面积，维持体温。

神秘旋涡中的
化石牙齿
螺旋状排列的牙齿超过 100 颗

旋齿鲨

[学名] Helicoprion

[分类] 软骨鱼类

[时代] 二叠纪

[食物] 肉类

[大小] 不明

用习惯了，发现其实超好用！

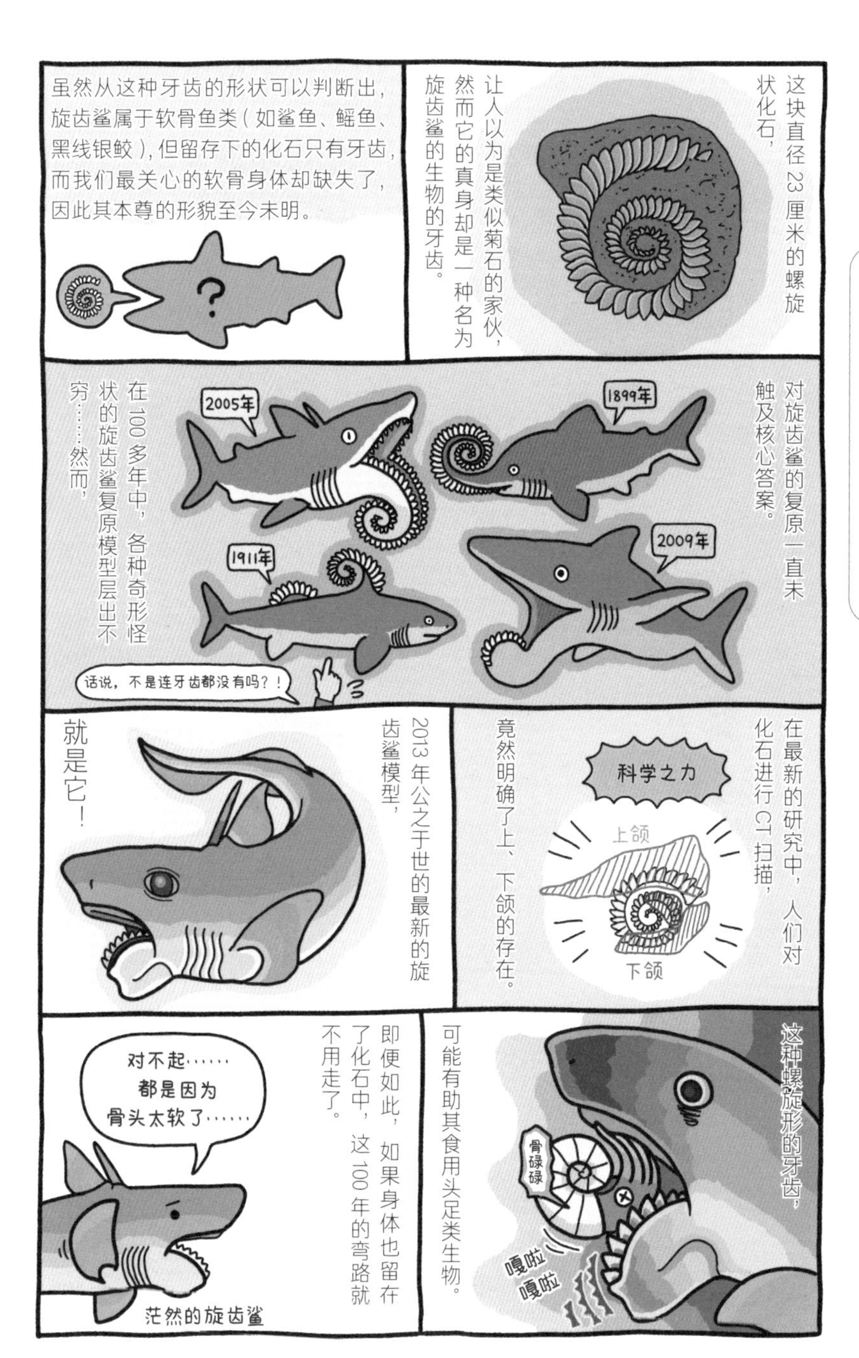
这块直径 23 厘米的螺旋状化石，
让人以为是类似菊石的家伙，
然而它的真身却是一种名为旋齿鲨的生物的牙齿。
虽然从这种牙齿的形状可以判断出，旋齿鲨属于软骨鱼类（如鲨鱼、鳐鱼、黑线银鲛），但留存下的化石只有牙齿，而我们最关心的软骨身体却缺失了，因此其本尊的形貌至今未明。
?
对旋齿鲨的复原一直未触及核心答案。
1899年
2005年
在 100 多年中，各种奇形怪状的旋齿鲨复原模型层出不穷……然而，
2009年
1911年
话说，不是连牙齿都没有吗？！
在最新的研究中，人们对化石进行 CT 扫描，
科学之力
上颌
下颌
竟然明确了上、下颌的存在。
2013 年公之于世的最新的旋齿鲨模型，
就是它！
这种螺旋形的牙齿，
骨碌碌
嘎啦
嘎啦
可能有助其食用头足类生物。
即便如此，如果身体也留在了化石中，这 100 年的弯路就不用走了。
对不起……
都是因为
骨头太软了……
茫然的旋齿鲨

从 CT 扫描的结果看，旋齿鲨上颌关节的构造，与黑线银鲛族群的上颌关节构造相同，这一点已经明确了。一个多世纪以来，除了认定旋齿鲨为软骨鱼类，始终未获得其他信息。这一次终于明确将其归属到全头类（黑线银鲛族群）之中了。

在下不是恐龙
支撑背帆的骨骼中的空洞，
有血管通行其间
既非两栖动物，又非爬行动物，
而是新兴势力“合弓类”

异齿龙

［学名］ Dimetrodon

［分类］ 合弓类

［时代］ 二叠纪

［食物］ 肉类

［大小］ 约 3.5 米
（体型大者）

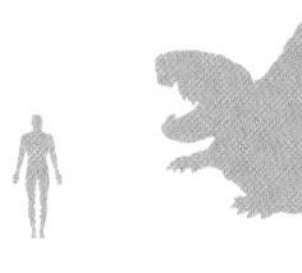

太阳晒得人暖乎
乎的，真舒服呀！

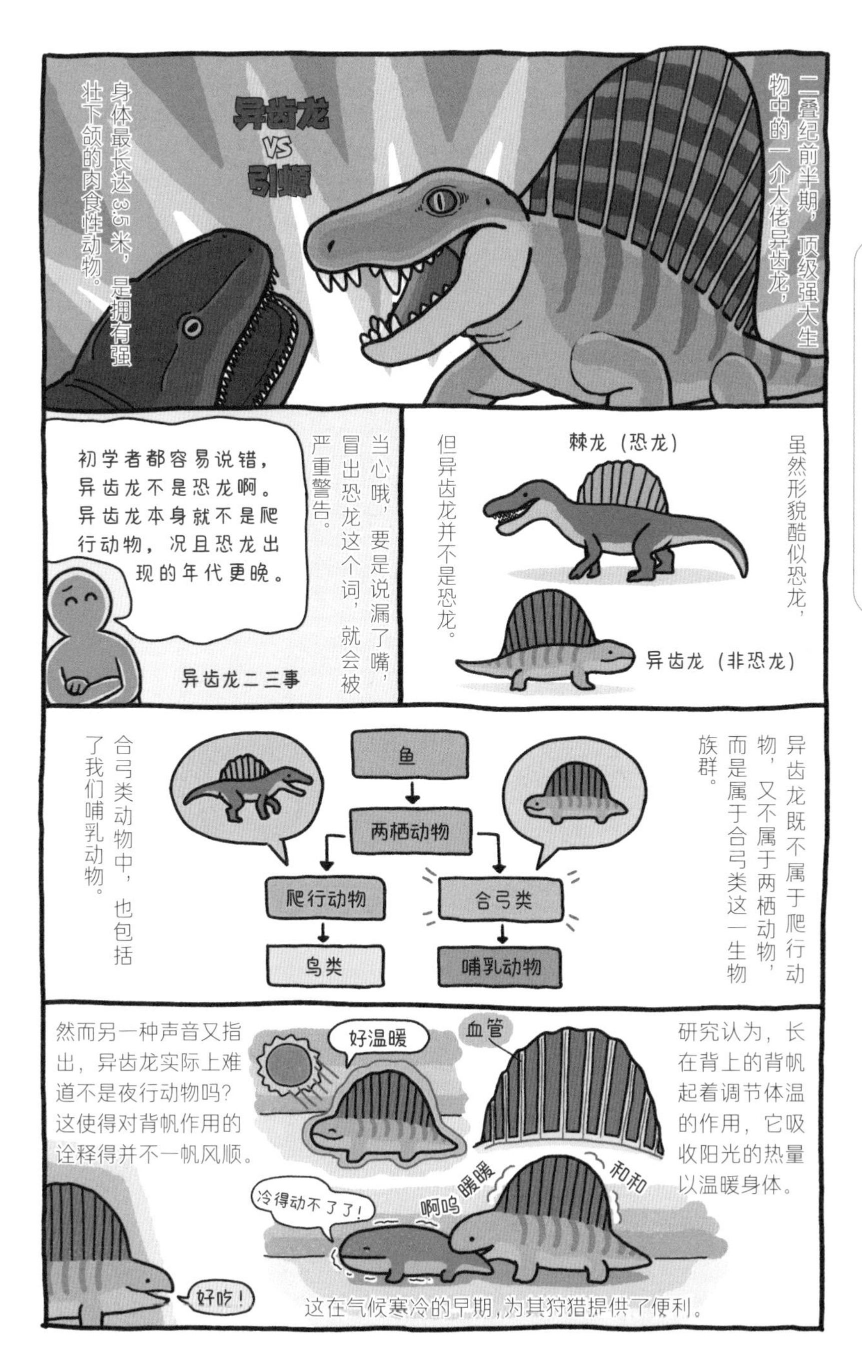
二叠纪前半期，顶级强大生物中的一介大佬异齿龙，
异齿龙
VS
引螈
身体最长达3.5米，是拥有强壮下颌的肉食性动物。
虽然形貌酷似恐龙，
棘龙（恐龙）
异齿龙（非恐龙）
但异齿龙并不是恐龙。
当心哦，要是说漏了嘴，冒出恐龙这个词，就会被严重警告。
初学者都容易说错，异齿龙不是恐龙啊。异齿龙本身就不是爬行动物，况且恐龙出现的年代更晚。
异齿龙二三事
异齿龙既不属于爬行动物，又不属于两栖动物，而是属于合弓类这一生物族群。
鱼
两栖动物
爬行动物
合弓类
鸟类
哺乳动物
合弓类动物中，也包括了我们哺乳动物。
研究认为，长在背上的背帆起着调节体温的作用，它吸收阳光的热量以温暖身体。
血管
好温暖
和和
暖暖
啊呜
冷得动不了了！
这在气候寒冷的早期，为其狩猎提供了便利。
然而另一种声音又指出，异齿龙实际上难道不是夜行动物吗？这使得对背帆作用的诠释得并不一帆风顺。
好吃！

合弓类眼窝后面有一个颞颥孔，而有两个颞颥孔的则是双孔类。哺乳动物属于合弓类，爬行动物属于双孔类。恐龙是双足竖直伸展的爬行动物，从身体构造上看，也能知道异齿龙与恐龙不是同一种生物。

超级治愈的
可爱体形
口腔内排列着锋利的牙齿，与以
植物为食的现代鬣蜥很像
有研究认为，吃下的食物
贮藏在它木桶般庞大的身
躯中并进行消化

杯鼻龙

[学名] Cotylorhynchus

[分类] 合弓类

[时代] 二叠纪

[食物] 植物

[大小] 约 3.5 米

虽然我长得圆滚滚的，可我并不是残喙翼龙哦。

庞大的身躯上，长着一张巴掌脸的杯鼻龙，
虽然没有长帅气的背帆，但它和异齿龙确属同一类。
身长3.5米，然而头围只有20厘米。
多么惊人的17头身！
得意
好耶！快给我吃肉!! 肉!!
它性格温柔，以植物为食，过得与世无争。
嚼嚼
但有一个问题。
打嗝
以这种体形，是怎么喝到水的呢？
骨碌碌 骨碌 骨碌
对此，研究学者们进行了思考。
『明白了！它们是在水里生活的！』
噗通
果真如此的话，困难就迎刃而解了。
太好了！！

2016 年，在德国的大学进行了一次研究，人们研究了杯鼻龙骨骼的构造。结果发现，杯鼻龙体内有巨大的空隙。这种身体构造，与现代的海獭、海狮（水生哺乳动物）非常相似。因此，研究者认为杯鼻龙在水中生活的可能性较大。

长长的獠牙竟可超过
13 厘米
古生代最强
的大陆霸王

狼蜥兽

[学名] Inostrancevia

[分类] 合弓类

[时代] 二叠纪

[食物] 肉类

[大小] 约 3.5 米

好痛、痛！！
咬到舌头了！

我们哺乳动物遥远的祖先合弓类，
繁盛于二叠纪早期，而在晚期却形貌大变，
变成了令人恐惧的怪物。
怪物的名字叫作狼蜥兽。
光是头骨就超过了60厘米。
全长超过3.5米（与河马差不多）。
超过13厘米的长獠牙
这是一种长着长长的犬牙、身躯庞大的肉食性兽孔类动物（这是合弓类进一步向哺乳动物进化出的族群）。
异齿龙长着『鳄鱼形的身体』，
狼蜥兽则更显瘦，长了一副哺乳动物形的身体。
史上最强的兽孔类动物狼蜥兽，在古生代陆地上君临天下，是我们哺乳动物的祖先。
呀——
咔嚓
咔嚓
哎哟，中生代是我们爬行动物的天下了呀！
知道了，霸王龙先生！
盾甲龙（爬行动物）

与狼蜥兽一样，拥有长獠牙（犬牙）的兽孔类，被归于丽齿兽类。具有代表性的丽齿兽，体型约为1米。而全长超过3.5米的狼蜥兽，则以最大的兽孔类身份而知名。

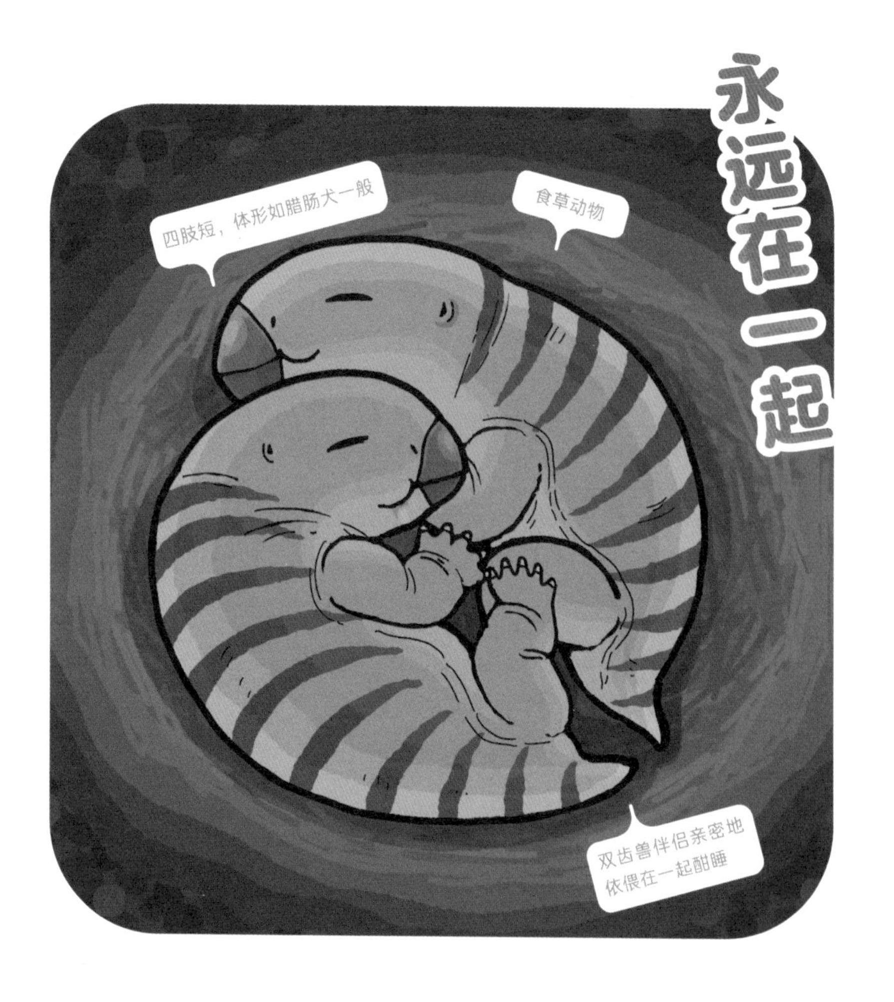
永远在一起
四肢短，体形如腊肠犬一般
食草动物
双齿兽伴侣亲密地
依偎在一起酣睡

双齿兽

[学名] Diictodon

[分类] 合弓类

[时代] 二叠纪

[食物] 植物

[大小] 约 45 厘米

大家一起
生活吧！

放在膝头抚摸的双齿兽。
钻进被窝的双齿兽。
带出去遛的双齿兽。
兽孔类动物中，不仅有外形可怕的家伙，还有全长45厘米左右，胖墩墩如小型犬的治愈系古生物——双齿兽。
胖墩墩
双齿兽的特征在于这对獠牙。
人们在双齿兽化石中发现了两个生物体，一个长獠牙，另一个不长獠牙。由于发现的比例各占一半，人们便认为这是区分雌性与雄性的标志。
雄性？
雌性？
双齿兽挖出螺旋形的洞穴，在其中过着集体生活。
洞穴的化石
(不是鳞片)
若从生活状态和体型大小展开想象，
双齿兽或许是与草原犬鼠差不多的生物。
在人类发现的双齿兽化石中，有2只是依偎在一起的形态。
假如这是一对夫妇，
哔——哔
我爱你！
永远不分开！
说不定还发生过一场催人泪下、伤春悲秋的爱情故事呢。

发现双齿兽化石的卡鲁盆地，占据南非共和国面积近50%的地区，在此地还发现了许多动物化石。在卡鲁盆地的动物化石中，双齿兽的化石数量占所有化石数量的六成，由此可见该生物在当时势力何其强大。

第3章 更多古生物

金伯拉虫

乌海蛭

内克虾

房角石

松卷菊石

拟石燕

阿蒙海百合

第3章

与现代生物全无相似之处

现代的常识，在震旦纪未必是常识

古生代开始之前，是震旦纪。若要用简洁的语言表述这个时代生物的特征，那就是现代的常识不适用于此。

生存在当今地球上的生物，基本上都是左右对称的体型，即长得左右对称。有左手就有右手，有左腿就有右腿。然而震旦纪的生物中，却有一些连这一常识都不适用者。

比如一种叫作迪更孙水母的生物，细看之下会发现，其左体节与右体节竟有着微妙的偏差。

这样的身体构造，不仅在现代的生物中很少见，在寒武纪之后的生物中也看不到。更有甚者，一种名为三分盘虫的生物，其身体每转120度就呈现

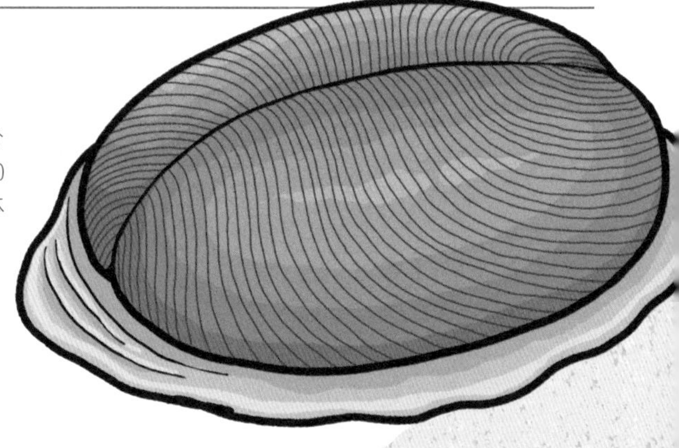

迪更孙水母

这是震旦纪一种不明分类的生物。体长在80厘米左右，推测其身体中空且鼓胀。

三分盘虫

生活在震旦纪的生物，分类不明。体长直径 5 厘米左右。化石分别发现于俄罗斯与澳大利亚，可见当时也曾繁盛过。

相同的构造，是一种身体“三重对称”的构造。这也是寒武纪之后的生物身上所没有的。

震旦纪的生物多么不可思议啊！已发现的震旦纪生物超过了270种，而且其中有许多都是在1000万年的时间内出现的。这一时长，也只是漫长历史中的弹指一挥间。

这场短时间内大批生物登临地球的现象，因其生物化石的产地而得名阿瓦隆大爆发。然而，由于震旦纪生物基本都已灭绝殆尽，也有人称阿瓦隆大爆发是一场以失败告终的“实验”。

对于那些身体前后莫辨、分类亦不明的与众不同的生物而言，震旦纪的海洋或许是它们最后的乐园。

金伯拉虫

生活在震旦纪，人们认为这是一种软体动物。体长 15 厘米左右。化石数量大，在震旦纪的生物中，对它的研究较为深入。

似懂非懂又
略懂的生物
扇形的“抓痕”留在化石中
收集海底的有机物
来食用
从移迹化石中得知其
边向后方移动边进食

金伯拉虫

[学名] Kimberella

[分类] 软体动物

[时代] 震旦纪

[食物] 有机物

[大小] 约 15 厘米

在震旦纪办同
学会吧！

远在古老的古生代之前的时代震旦纪，分辨不出当时的生物是动物还是植物，哪边是头，哪边是尾，归属于何种生物的族群，分类亦不明了，净是些不明的家伙。
三分盘虫
查恩盘虫
迪更孙水母
双羽蕨虫
帕文克尼亚虫
古生代
前寒武纪时代
志留纪
奥陶纪
寒武纪
震旦纪
约4亿4400万年前
约4亿8500万年前
约5亿4100万年前
约6亿3500万年前
当然了，那个时代中也有极少数生物似乎能看懂。
形如一只丢盔弃甲的鲍鱼，就是无防御的金伯拉虫。
推测它们利用前端带爪、形似象鼻的臂收集泥沙以食用。
但爪未能留在化石中。
吧唧
咀嚼
变成化石的，是这个抓痕。
但即便是如此它们也长出了柔软的壳。
这个
柔软
也有研究指出，金伯拉虫的身体上长出了外套膜及腹足。
外套膜
以扇贝来说，就是带状的那部分。
腹足
以蜗牛来说，就是与地面摩擦的那部分。
这些是乌贼、章鱼、贝壳类等软体动物的特征。
金伯拉虫仍然活跃在现代。
这难道……就是我未来的模样吗？！
乌贼
章鱼
扇贝
它或许……是软体动物们的祖先。

金伯拉虫的化石产自俄罗斯与澳大利亚，尤其在俄罗斯的白海曾发现过大量金伯拉虫化石。由于数量大，在震旦纪的生物中，金伯拉虫是研究最为深入的生物之一。

长牙之谜
1976 年的复原图
软体动物才有的“齿舌”
2006 年的复原图
“腹足”相当于软体动物的脚
软体动物特有的器官“栉鳃”

乌海蛭

[学名] Odontogriphus

[分类] 软体动物

[时代] 寒武纪

[食物] 片状蓝藻群等

[大小] 约 12.5 厘米

我们脚踏实地活着……

1976年公之于世的乌海蛭，身上长着独特的牙齿。
而除此之外，人们对它的其他信息完全不知道，故此将其命名为『长牙之谜』。
扁平的身体或许可以在水中游得飘飘荡荡。
这种牙齿是用来做什么的呢？
用来把那家伙嚼碎的！
2006年有了研究结果。
你们的牙齿叫作“齿舌”，是软体动物特有的器官。
研究者
进一步研究发现了“腹足”。
也就是说，一定是长得像蛞蝓那样的软体动物！！
研究者
综上所述，今后你们的形貌就是这样的啦！！
什么！
就这样经过了30年岁月，人们终于揭开了『长牙之谜』的真面目。
长成这样的我，也可以在大海中任意遨游……
你在说什么？这怎么可能呢？
乌海蛭只是一种像粘在鞋底的口香糖那样的软体动物。

2006年，在加拿大的皇家安大略博物馆进行的研究中，明确将乌海蛭归入软体动物之列。此次研究使用的，是新发现的189个乌海蛭单体化石，并对其牙齿进行了解析。

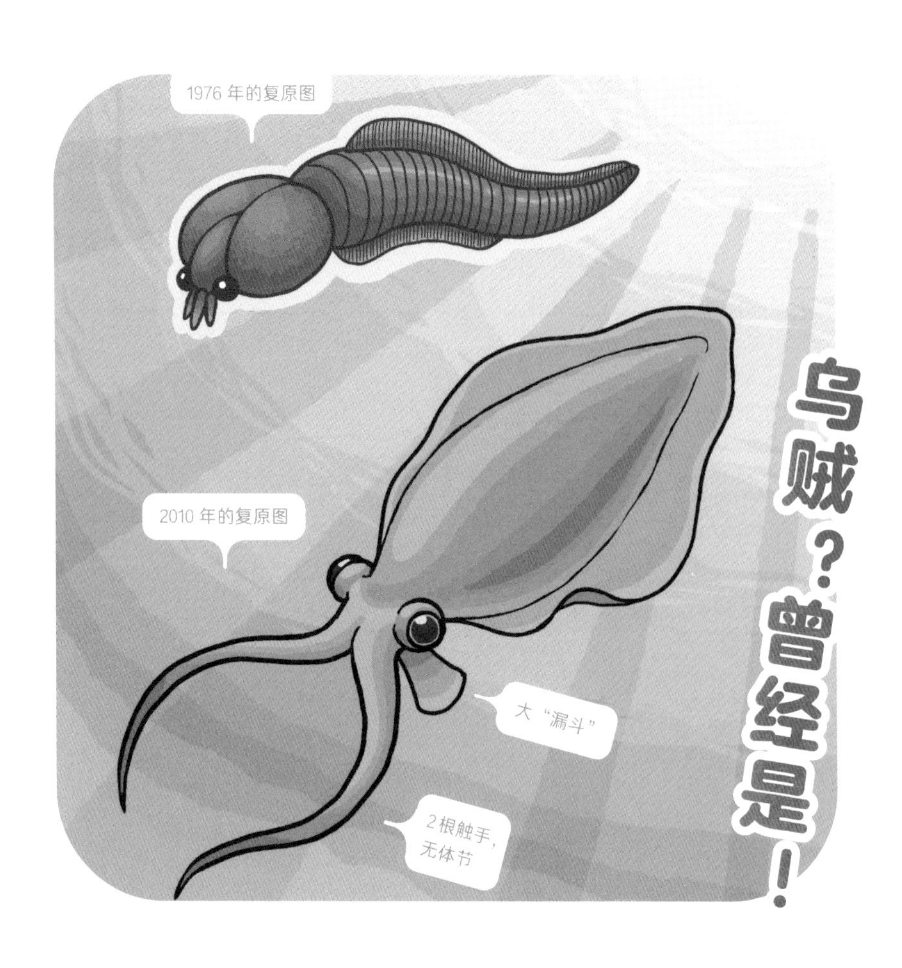

内克虾

[学名] Nectocaris

[分类] 头足类

[时代] 寒武纪

[食物] 肉类

[大小] 7 厘米

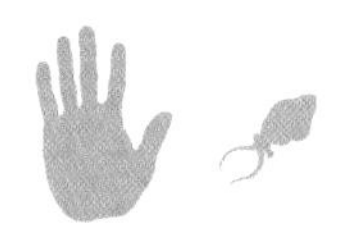

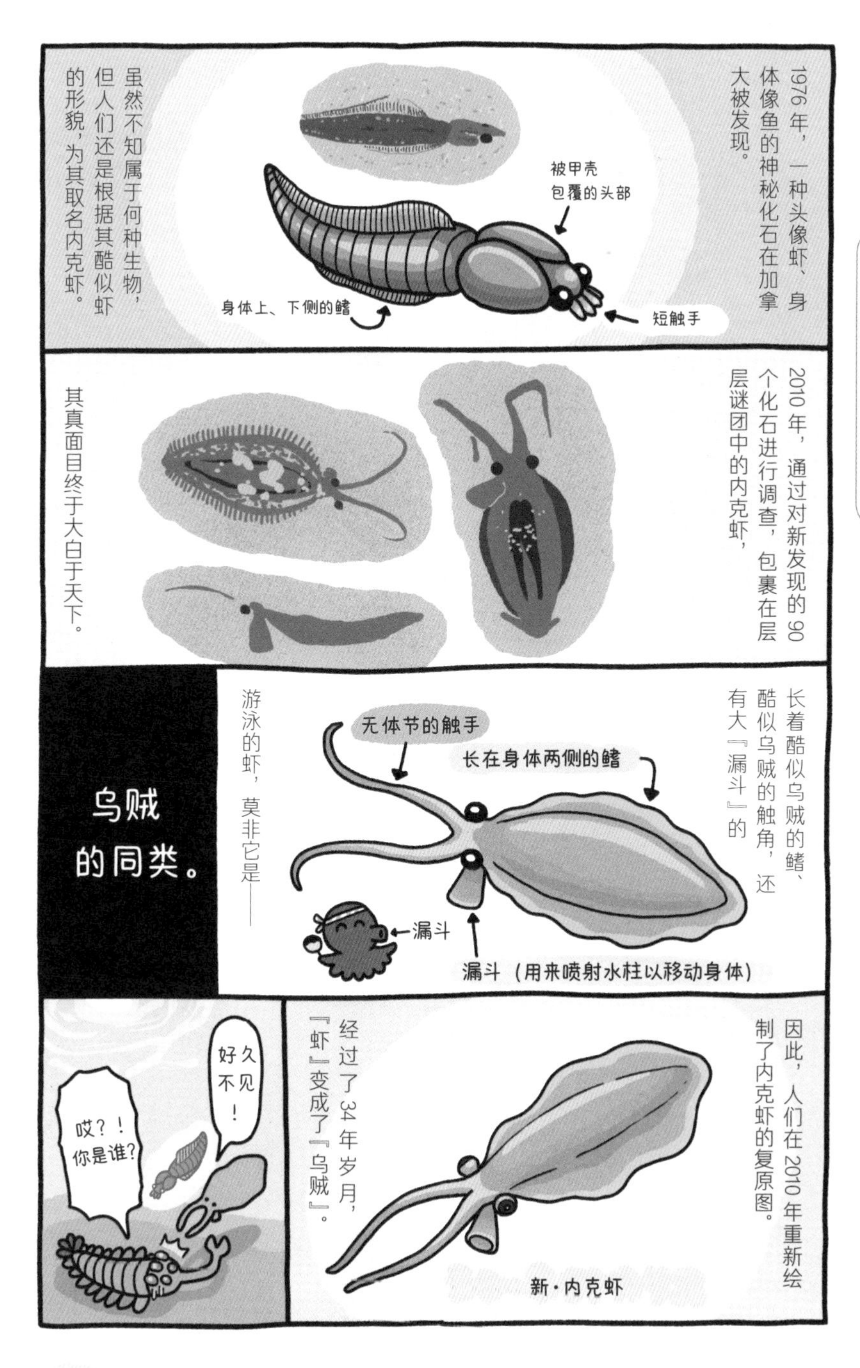
1976年，一种头像虾、身体像鱼的神秘化石在加拿大被发现。
被甲壳包覆的头部
短触手
身体上、下侧的鳍
虽然不知属于何种生物，但人们还是根据其酷似虾的形貌，为其取名内克虾。
2010年，通过对新发现的90个化石进行调查，包裹在层层谜团中的内克虾，
其真面目终于大白于天下。
长着酷似乌贼的鳍、酷似乌贼的触角，还有大『漏斗』的
游泳的虾，莫非它是——
乌贼的同类。
无体节的触手
长在身体两侧的鳍
漏斗
漏斗（用来喷射水柱以移动身体）
因此，人们在2010年重新绘制了内克虾的复原图。
新·内克虾
经过了34年岁月，『虾』变成了『乌贼』。
好久不见！
哎？！你是谁？

若说内克虾的同类——乌贼和章鱼（同为头足类）的进化顺序，研究认为它们是从带着坚硬甲壳的菊石进化到软体生物的。然而，根据对内克虾的重新复原，人们清楚地看到，菊石同类诞生之前，就已经存在软体动物了。

奥陶纪最强大的生物
外壳的具体形态不明
与乌贼、章鱼一样，长着数条腕

房角石

[学名] Cameroceras

[分类] 头足类

[时代] 奥陶纪

[食物] 肉类

[大小] 约 11 米（体型大者）

超越极限！

一直到奥陶纪之前，海洋都是节肢动物们的乐园。而此时，海洋中却有一股新生势力逐渐壮大。
那就是与乌贼、章鱼、珍珠鹦鹉螺同类的软体动物——头足类。
而其中占据绝对优势的，则是这种体型超级庞大的房角石。
据说它是古生代最大的怪物，估计体长至少达6米，体型最大者达11米。
即便放在现代，头足类生物也是数一数二的猎手。
若以此体型而论的话，房角石在当时的海洋中，无疑是最强大的生物！
然而也有说法认为，体型若过于庞大，会对其在海洋中恣意游泳造成妨碍。
房角石擅长的或许是坐镇海底伏击猎物的战术，类似默罕默德·阿里对战安东尼奥·猪木的格斗套路。
嘿！上钩了上钩了！
抓

研究发现，房角石等头足类的甲壳内部，分成数个“小房间”，分别与从主体延伸而出的细管相连。利用细管调节小房间内的液体量，以此调节甲壳的重量，从而来控制自己在水中上下浮动。

8

生态系统中的霸主们

不同时代的统治者如何变迁

古生代大致可划分为六纪，每一纪都有占据生态系统制高点的霸主，在此一一介绍。

古生代第一纪是寒武纪，若论当时最强大的生物，当属海洋生物中拥有超大身躯的奇虾。作为海洋世界的一员猛将，它用带刺的触手捕获猎物，所向披靡，战无不胜。

进入奥陶纪之后，出现了巨无霸房角石。在当时的海洋生物化石上，发现过它留下的伤痕。庞大而凶猛的捕猎者房角石，是奥陶纪海洋中毫无争议的王者。

房角石
→见 158 页
奇虾
→见 22 页

邓氏鱼
→见 90 页
翼肢鲎
→见 46 页

统治志留纪海洋世界的是拥有巨螯与尖利尾巴的板足鲎类，磨刀霍霍地在全世界的海洋巡视着。

历史来到泥盆纪，已长出脊椎的鱼类近亲，开始成为海洋的主角。其中盾皮鱼类气焰看涨，一种令人称奇的邓氏鱼出场了。它是当时最强大的统治者，论体型，堪称古生代生物中的顶流，而其咬合力也无可匹敌。

此后，鱼类家族不断进化，脊椎动物长出了“足”。到了石炭纪，陆地上终于也出现了四足动物之类强者的身影。

统治二叠纪陆地的生物是合弓类。全长超过3.5米，长着长犬牙的狼蜥兽，作为古生代的末代霸主君临陆地。

狼蜥兽
→见 144 页

“旋环”状态的外壳
正在进化，状态绝佳

松卷菊石

[学名] Anetoceras

[分类] 菊石类

[时代] 泥盆纪

[食物] 不明

[大小] 约 10 厘米

妈妈可还健康？

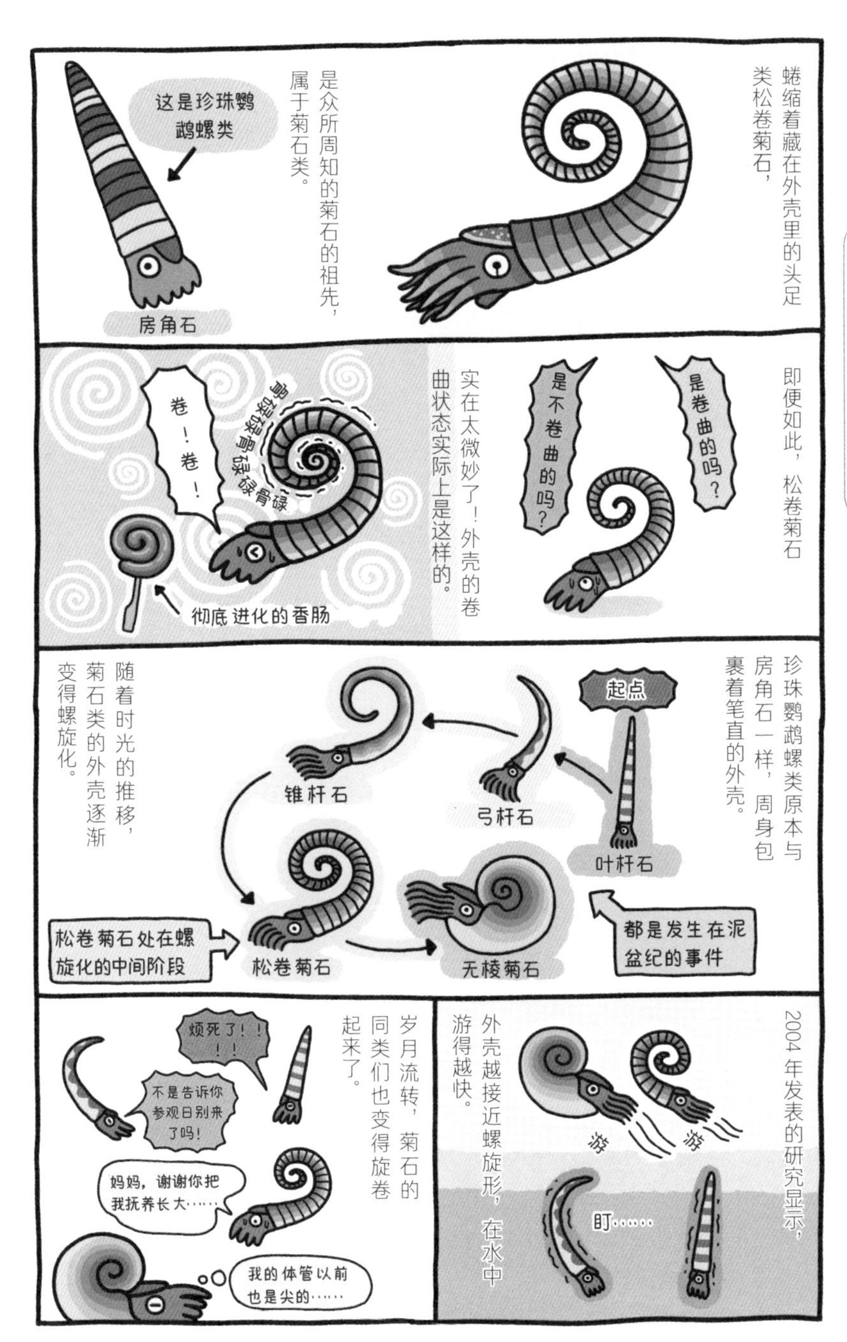
蜷缩着藏在外壳里的头足类松卷菊石，
是众所周知的菊石的祖先，属于菊石类。
这是珍珠鹦鹉螺类
房角石
即便如此，松卷菊石
是卷曲的吗？
是不卷曲的吗？
实在太微妙了！外壳的卷曲状态实际上是这样的。
骨碌骨碌骨碌骨碌
卷！卷！
彻底进化的香肠
珍珠鹦鹉螺类原本与房角石一样，周身包裹着笔直的外壳。
起点
叶杆石
弓杆石
锥杆石
松卷菊石
无棱菊石
都是发生在泥盆纪的事件
松卷菊石处在螺旋化的中间阶段
随着时光的推移，菊石类的外壳逐渐变得螺旋化。
2004年发表的研究显示，
外壳越接近螺旋形，在水中游得越快。
游
游
盯……
岁月流转，菊石的同类们也变得旋卷起来了。
烦死了！！！！
不是告诉你参观日别来了吗！
妈妈，谢谢你把我抚养长大……
我的体管以前也是尖的……

一般众所周知的菊石类这一族群，属于范围更广的生物族群菊石亚纲。菊石类登场是在中生代，但包括松卷菊石在内的菊石亚纲，泥盆纪时便已存在。菊石亚纲也常被称为菊石类。

我只想一动不动
有双壳类的外形，却不是软体动物，而是一种名为“腕足动物”的生物族群
腕足动物在泥盆纪实现了大繁盛，仅属便超过 450 个，具有为数众多的同类

拟石燕

[学名] Paraspirifer

[分类] 腕足动物

[时代] 泥盆纪

[食物] 有机物、浮游生物

[大小] 宽约 6 厘米

不想像这样活下去？

虽有双壳类的外形，却非真正的双壳类，这就是归属于腕足动物的拟石燕。
它拥有令所有生物羡慕嫉妒恨的绝技，那就是——『什么也不干』。
躺着不动最舒服！！
日复一日，无所事事，即便如此也可生存。它就是这样一种超级生物。
拟石燕的身体结构，决定了水可以自动流入外壳的缝隙之中。
诱饵就是流水带来的有机物
水流
拟石燕的同类石燕类，对这种一动不动的作战策略非常着迷。
所有人都在奋力地活着，真是太辛苦了呢！
然而到了石炭纪，随着时代的发展，出现了一个强大的竞争对手。
它就是同为腕足动物的瓦刚贝。
埋在里面
就像捞泥鳅用的竹畚似的。
其强项在于，它们甚至连外壳缝都不必张开，只需静静待着，水便会流入壳中。
石燕类军团与瓦刚贝军团成为鼎立于腕足动物界的两股势力。
说我是最没干劲的应该没什么问题吧？
哈？！我才是一点干劲都没有！
今年净用来数沙子了。
或许是过于颓废的缘故，它们在中生代之后便彻底灭绝了。
侏罗纪（中生代）灭绝
二叠纪末灭绝

腕足动物的数量从奥陶纪开始增加，泥盆纪达到繁盛。已经确认的是，当时腕足动物存在450余种同类。进入中生代之后，其种类大为减少，但仍有少数存续至今，生活在日本西南诸岛的舌形贝便是其中之一。

腕及萼部都在
这里面
研究认为其躺在海底生活
不开花的海百合

阿蒙海百合

［学名］ Ammonicrinus

［分类］ 海百合类

［时代］ 泥盆纪

［食物］ 有机物、浮游生物

［大小］ 长度从数厘米至 10 厘米以下

呀！！
好害羞……

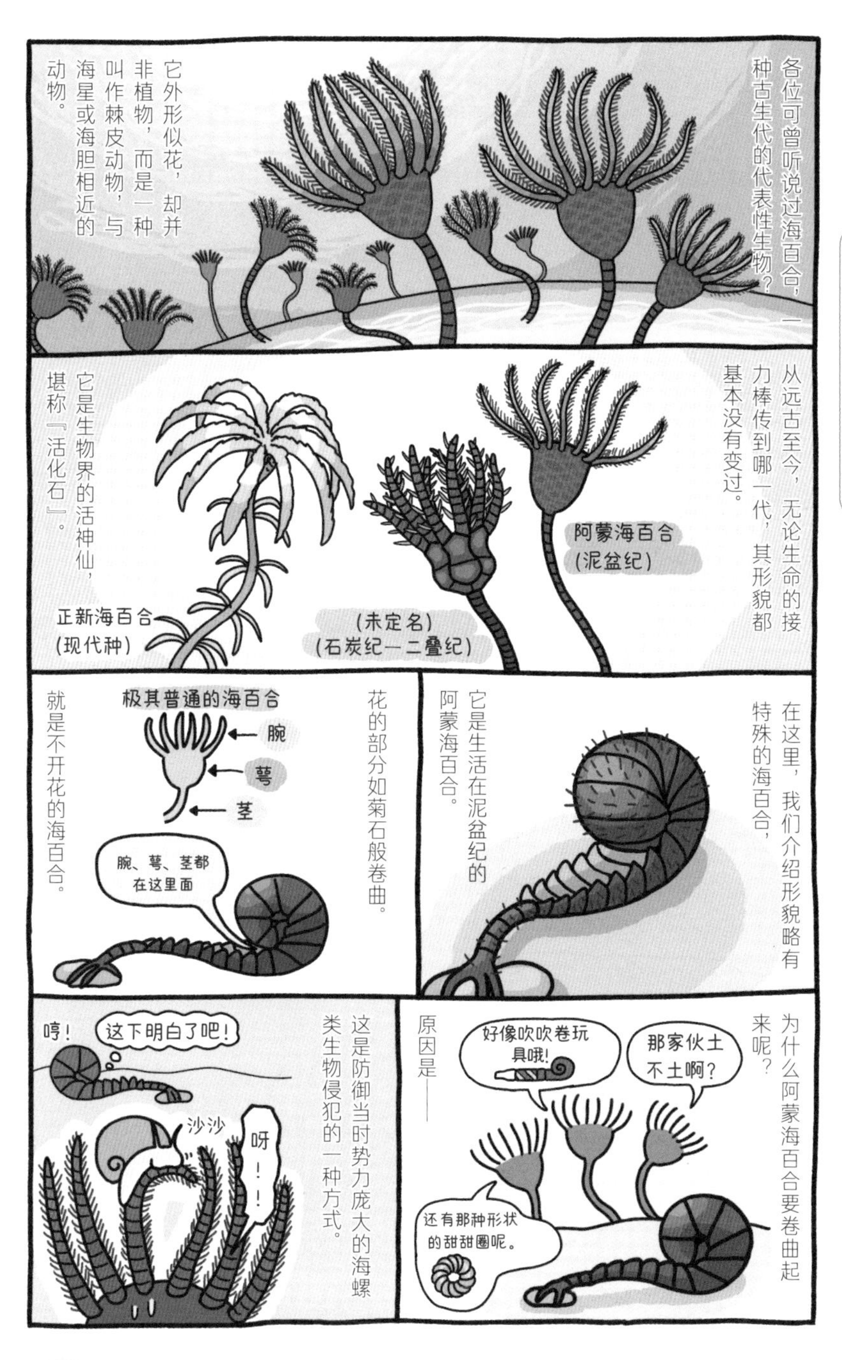
各位可曾听说过海百合，一种古生代的代表性生物？
它外形似花，却并非植物，而是一种叫作棘皮动物，与海星或海胆相近的动物。
从远古至今，无论生命的接力棒传到哪一代，其形貌都基本没有变过。
阿蒙海百合
(泥盆纪)
(未定名)
(石炭纪—二叠纪)
正新海百合
(现代种)
它是生物界的活神仙，堪称『活化石』。
在这里，我们介绍形貌略有特殊的海百合，
它是生活在泥盆纪的阿蒙海百合。
花的部分如菊石般卷曲。
极其普通的海百合
腕
萼
茎
腕、萼、茎都在这里面
就是不开花的海百合。
为什么阿蒙海百合要卷曲起来呢？
那家伙土不土啊？
好像吹吹卷玩具哦！
还有那种形状的甜甜圈呢。
原因是——
这是防御当时势力庞大的海螺类生物侵犯的一种方式。
哼！
这下明白了吧！
沙沙
呀！！！

某项研究认为，阿蒙海百合通过挤压和放松卷曲的部分，形成吸入体内的水流。或许它们就是利用这股水流，将浮游生物摄入体内食用的。

知识延展 古生物专栏

9

本书作者喜爱的古生物排行榜

寻找您最心仪的古生物

到此为止，本书已经推荐了61种充满魅力的古生物，不知各位读者观感如何？虽稍嫌唐突，但身为作者的我，在此还想将个人喜爱的古生物排名公之于众。

第3名！真实身份不明的神秘怪物——塔利怪物，外形奇特，分类不明。喜爱的点恰恰在于其“真实身份不明”。作者很想一探塔利怪物的真面目，却又希望其永远保有不明的身份……

第2名！前无古人、后无来者的超级巨无霸蜈蚣——远古蜈蚣虫。论其魅力，毫无疑问就在其魁梧的体型。它全长超过2米，是地球有史以来最大的节肢动物。如同今天水族馆中的人气王大王具足虫般，体型过于庞大的节肢动物反倒给人以可爱的印象。

塔利怪物

其身份之谜一度接近破解的边缘，岂料最终又被打回起点。尽管古生代石炭纪的生物中，有的与近代生物颇为相似，但也不乏从头到脚裹在谜团中的物种，这不禁让人心生好奇。

远古蜈蚣虫

我想，如果巨型蜈蚣虫活在现代，将其形象加以可爱创作画成插画，进而做成商品，或者反其道而行之，制作成超写实的布偶玩具，或可使之变身为一种偶像生物。

2

第1名！超级治愈系吉祥物——杯鼻龙。我十分喜爱它的外表。请务必在网上搜索杯鼻龙的骨骼图片。它那副身躯，只消看一眼就会被萌得一塌糊涂！我想，今后一定要画一画那个如水豚一般，圆滚滚的、可爱的杯鼻龙。

以上就是本书作者高桥喜爱的古生物排行榜，不知各位读者更倾心于哪一种。如果读者们通过阅读本书，在不甚了解的古生物中找到令自己心仪的，那将使我无比开心。如果对古生物感兴趣，请踏足博物馆，去邂逅最心仪的那一个吧！

1

杯鼻龙

粗壮的四肢、圆滚滚的身体上，长着一个小得不可思议的头颅，这种具有冲击力的、比例失衡的形貌正是其魅力所在。

后记

比人类开始用文字留下记录的年代更早的年代，称为“地质年代”。所谓“古生物”，即指生活在地质年代中、现已大部分绝灭的生物。

地质年代长达46亿年左右， 按照从古至今的顺序可分为六段，分别为冥古宙、太古代、原生代、古生代、中生代、新生代。其中通常意义上以“恐龙时代”著称的是“中生代”。冥古代、太古代、原生代合称为“前寒武纪时代”。

本书收录的古生物，以生活在中生代之前的“古生代”生物为主，同时包含了更古老的原生代末期（震旦纪）的各种古生物，共计61种。

我认为，许多古生物的外形都“有点”或“相当”奇怪。实际上，古生代末期发生了历史上最大规模的生物大灭绝，生态系统受此影响而发生突变。延续至现代的生态系统，是中生代以后重新构建的。本书收录的古生物，均属此次生物大灭绝发生之前的古生物，因此从某种意义上来说，其“不可思议”是理所当然的。

“古生物学”是研究古生物的一门学科，是地球科学（地学）的分支学科，以生物学、地质学为“友”，而且是科学的一个领域。

科学的进步日新月异，尤其在古生物学方面，一个优质化石的发现带来崭新见解的例子也并不鲜见。据此既有颠覆之前权威学说的，也有迫使被复原的古生物更改形态的。若你所了解的古生物的形态或信息与本书有所出入，请勿断言“此书有误”，而是试着就“为什么会有不同”“为什么书中采用此种学说”展开推理。因为这样的推理，才是真正的科学所在。

古生物学的终极目标之一，是通过了解地球与生命的过去，获得生命未来的发展趋势。

然而，即便赋予其学术目的，也要从化石这一线索展开推理，探明灭绝生物的形态，以及其生长的环境、灭绝的原因、进化的结构，这些正如在本书中看到的那样，是令人愉悦之事。激发大多数人对知识的好奇心，唤起他们对探索知识的兴趣。

踏足博物馆，去看看化石展示，或许也不失为好的选择。我认为，若想真正地满足对知识的好奇心、对知识的探索欲，或可考虑进入开设古生物学科的大学进行深造。终身学习体系中以古生物为主题的课程，在各地也会举办。

而且，我当然也建议捧读古生物相关的书籍。

欢迎您来到古生物的世界！

版权贸易合同登记号　图字：01-2023-3764

图书在版编目（CIP）数据

我还想再活1亿年：那些消失不见的地球霸主 /（日）高桥望著；方宓译. --北京：电子工业出版社，2023.10
ISBN 978-7-121-46141-5

Ⅰ. ①我… Ⅱ. ①高… ②方… Ⅲ. ①古动物－少儿读物 Ⅳ. ①Q915-49

中国国家版本馆CIP数据核字（2023）第152713号

责任编辑：翟夏月
印　　刷：天津图文方嘉印刷有限公司
装　　订：天津图文方嘉印刷有限公司
出版发行：电子工业出版社
　　　　　北京市海淀区万寿路173信箱　邮编：100036
开　　本：787×1092　1/32　　印张：5.5　　字数：174.5千字
版　　次：2023年10月第1版
印　　次：2023年10月第1次印刷
定　　价：49.80元

凡所购买电子工业出版社图书有缺损问题，请向购买书店调换。若书店售缺，请与本社发行部联系，联系及邮购电话：（010）88254888，88258888。
质量投诉请发邮件至zlts@phei.com.cn，盗版侵权举报请发邮件至dbqq@phei.com.cn。
本书咨询联系方式：（010）88254161转1821，zhaixy@phei.com.cn。